AI Agent开发

做与学

AutoGen 入门与进阶

李金洪 主编

佟凤 李波 卢纪富 副主编

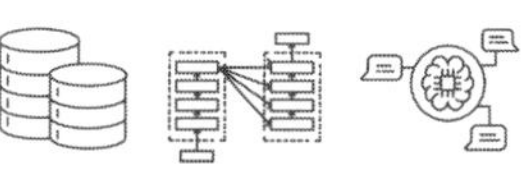

化学工业出版社

·北京·

内容简介

《AI Agent 开发：做与学——AutoGen 入门与进阶》是一本全面、深入且实用的 AutoGen 技术指南，能够帮助读者从基础到高级逐步掌握 AutoGen Agent（智能体或代理）开发技术，为从事相关领域的开发和研究提供有力支持。

本书共六章，内容涵盖 AutoGen 基础理论、环境搭建、智能助手构建、高级功能与性能优化、复杂多 Agent 协作系统构建以及多 Agent 高级模式与实战。通过理论与实践相结合的方式，帮助读者全面掌握 AutoGen 构建 Agent 的应用与开发。

本书面向广大人工智能领域的研究人员、工程师、高校学生以及对 Agent 开发充满热情的爱好者。

图书在版编目（CIP）数据

AI Agent开发 ： 做与学 ： AutoGen入门与进阶 / 李金洪主编 ； 佟凤，李波，卢纪富副主编. -- 北京 ： 化学工业出版社，2025. 5. -- ISBN 978-7-122-47907-5

Ⅰ. TP18

中国国家版本馆CIP数据核字第2025BQ6555号

责任编辑：周　红
文字编辑：王帅菲
责任校对：宋　玮
装帧设计：王晓宇

出版发行：化学工业出版社
（北京市东城区青年湖南街 13 号　邮政编码 100011）
印　　装：河北延风印务有限公司
710mm×1000mm　1/16　印张 15¾　字数 283 千字
2025 年 6 月北京第 1 版第 1 次印刷

购书咨询：010-64518888　　售后服务：010-64518899
网　　址：http://www.cip.com.cn
凡购买本书，如有缺损质量问题，本社销售中心负责调换。

定　　价：99.00元

版权所有　违者必究

前言

PREFACE

在科技浪潮汹涌前行的当下，人工智能（AI）正以不可阻挡之势重塑世界，推动着社会大步迈向新时代。大模型技术不断进化，多模态技术开拓出全新感知维度，Agent（智能体）活跃于各个领域，通用人工智能（AGI）的探索更是拨开迷雾，初现曙光。我们仿佛能听见新时代大门开启的轰鸣声。近年来，Manus、DeepSeek 等前沿技术和框架如雨后春笋般涌现，为 AI 领域注入源源不断的活力，不仅让应用场景如繁花般绽放，更为研究者、开发者送上精良“武器”，助力他们打造更智能、更高效的产品与服务。《AI Agent 开发：做与学——AutoGen 入门与进阶》在此背景下应运而生，它宛如一把钥匙，为读者打开 Agent 开发与应用的神秘大门，引领读者深入挖掘 AutoGen 这一强大工具在构建智能系统时蕴藏的无限潜力。

本书内容经过精心编排，层次分明，从基础理论到实战应用，为读者铺设了一条通往 AutoGen 开发核心的途径。

在基础部分，本书深入剖析大模型、多模态技术、Agent 以及 AGI 的发展趋势，用通俗易懂的语言和生动的案例，帮助读者在脑海中勾勒出整个 AI 技术生态的宏大蓝图；接着，详细罗列大语言模型（LLM）的常见类型、服务形式，以及如何根据实际需求精准选择合适的模型和服务，为后续开发筑牢根基；同时，对主流 Agent 框架进行全面解析，尤其是 AutoGen 在群雄逐鹿的框架中脱颖而出的独特优势，让读者对其在 Agent 开发领域的卓越地位一目了然。

在实战部分，本书化身引路人，手把手引导读者搭建开发环境，从 Python 环境的精细配置，到 Ollama 环境的稳健安装与模型加载，再到 OpenAI 客户端的熟练安装与使用，以及 AutoGen 的平稳安装与基础使用方法，确保读者能毫无阻碍地踏入开发领域。随后，以构建简易智能客服助手等贴合实际的案例为切入点，深入浅出地讲解利用 AutoGen 实现 Agent 基本功能的诀窍，包括大模型的高效调用、异步编程的巧妙应用与优化等，助力读者迅速掌握核心开发技能，开启实战之旅。

在进阶部分，内容更是干货满满，深入探索 AutoGen 中的 AgentChat 与消息机制、多模态输入处理、内部事件交互与日志机制等关键核心，抽丝剥茧般帮助读者深入理解框架的内部运作原理；同时，详细剖析如何借助工具扩展 Agent 能力，涵盖工具调用机制、内置工具的灵活使用、自定义工具的匠心开发以及工具使用策略的精细优化，为 Agent 的功能拓展与应用场景的丰富添砖加瓦；此外，毫无保留地呈现高级功能与性能优化技巧，如多轮对话的精妙实现、模型上下文的精细管理、结构化与流式输出的巧妙应用等，全方位助力读者雕琢出高性能、高智能的 Agent 系统；最后，在自定义 Agent 基础方面，通过实际案例演示简单自定义 Agent 的创意创建与精巧设计方法，激发读者的创新潜能，让开发灵感如泉涌般喷薄而出。

在构建复杂多 Agent 协作系统这一高阶领域，本书更是精心策划了多个实战案例。从高效团队协作的搭建（如运用 RoundRobinGroupChat 实现代码审查协作），到人机协作与反馈系统的巧妙搭建（如构建 AI 辅助写作的迭代优化系统）；从用终止条件精准把控任务执行（如构建带有主动提问的餐饮推荐系统），到状态管理与用户偏好记忆的精细管理与应用（如构建支持断点续作的任务系统和能够记住用户的 Agent）；再到多 Agent 高级模式的实战应用（如轮询组聊模式下的智能旅行计划助手、选择路由模式下的市场研究报告生成系统、群体协作模式下的智能家居安装项目调度系统、综合 Agent 模式下的户外运动规划助手以及反思模式下的代码生成系统等），360° 无死角地展示运用 AutoGen 构建复杂且高效的多 Agent 协作系统的全过程，全方位满足不同场景下的多样化需求。

本书特色鲜明，主要体现在以下几个方面。

- 理论与实践紧密相连：每个知识点都配有精心设计的案例，通过“做”和“学”两个部分，让读者在实战中理解理论，再以理论指导后续实践，不断循环，稳步提升开发能力。在这种“做”和“学”并重的章节设置中，“做”部分通过简单、通俗的代码实现功能，激发学习热情；“学”部分则结合实例讲解相关语法知识点，有利于深入理解。
- 全程代码辅助学习：书中关键部分均附带完整代码，并配有详细注释。代码风格简洁优雅、规范高效，既能帮助读者快速复现功能，又便于二次开发，让读者在代码的世界里自由驰骋。

- 实用技巧倾囊相授：结合作者二十余年丰富的一线开发经验，书中穿插大量实用技巧与经验分享，包括开发环境搭建的避坑指南、多 Agent 架构设计的独门心法、代码优化中的奇招妙法等，助力读者少走弯路，高效进阶。

本书面向广大人工智能领域的研究人员、工程师、高校学生以及对 Agent 开发充满热情的爱好者。无论您是初出茅庐的新手，还是已有一定开发经验的从业者，都能从本书中汲取到宝贵的知识与实践经验，开启一段精彩绝伦的 AI Agent 开发之旅。在学习过程中，建议您紧密结合实际项目需求，边学边练，通过持续的实践与探索，深入领悟 AutoGen 的强大功能与灵活应用，将其巧妙融入实际的智能系统开发中，为推动人工智能技术在各行业的广泛应用与发展添上浓墨重彩的一笔。

最后，衷心感谢所有为本书出版给予帮助的专家、团队成员以及审阅者，你们的智慧与支持是本书得以顺利完成的坚实后盾。希望本书能成为读者在智能代理（AI Agent）开发道路上的得力伙伴，让我们携手共进，一同见证并参与人工智能技术辉煌未来的书写。

由于时间仓促，书中难免有不妥之处，望请读者批评指正！

编者

本书为读者提供了配套代码，可以通过扫描以下二维码获取。

配套代码

操作步骤

1. 微信扫描二维码；
2. 根据提示关注“易读书坊”公众号；
3. 选择您需要的资源，点击获取；
4. 如需要重复使用，请再次扫码。

目 录

CONTENTS

第 1 章

大模型、多模态技术、Agent与AGI应用发展趋势

1~18

第 2 章

第 4 章

掌握AutoGen：从入门到精通

69~113

第 5 章

构建复杂的多Agent协作系统

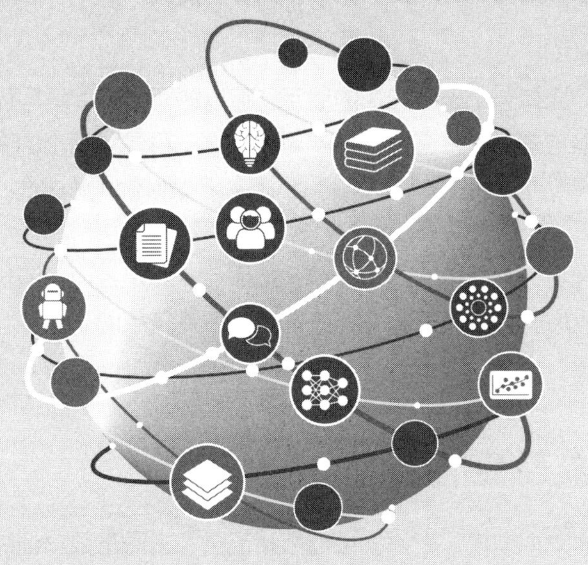

第 1 章

大模型、多模态技术、Agent 与 AGI 应用发展趋势

在探索人工智能的前沿领域时，我们不可避免地要深入探讨大模型、多模态技术的融合、Agent（智能体）的发展以及迈向通用人工智能（AGI）的应用趋势。本章旨在为读者提供一个全面而详实的导览，从大模型的概念出发，追溯其发展历程，理解其如何逐步演进并深刻影响着现代技术架构；紧接着，本章将与读者一同洞察多模态智能系统带来的全新交互方式与应用场景，以及智能体如何作为新一代的人机交互界面，在各种环境中自主学习和适应；最后，本章将展望通向 AGI 道路上的关键挑战与突破，探索那些可能彻底改变人类社会运作模式的前沿应用和它们的发展潜力。无论您是 AI 领域的专业人士，还是对人工智能未来充满好奇的学习者，本章都将为您提供宝贵的见解和启示，引领您步入这场激动人心的技术革命之旅。

AutoGen

1.1 大模型的概念与发展历程

想象一下，拥有一个无所不知的助手，可以撰写文章、编写代码、回答各种问题，甚至可以与其进行富有洞察力的对话。这不再是科幻小说中的情节，而是由大模型（通常特指大型语言模型，Large Language Model，即 LLM）带来的现实。

从概念到现实，大模型的出现并非一蹴而就，而是经历了漫长的技术积累与演进。要理解大模型的强大能力，首先需要了解其背后的基本概念，以及它所走过的非凡历程。

1.1.1 什么是大模型?

简单来说，大模型就是指那些参数数量巨大、由海量数据训练而成的深度学习模型。这里的“大”，不仅仅体现在模型参数的数量级上（通常达到数十亿甚至数千亿），也体现在训练数据和计算资源的规模上。

如果把传统的机器学习模型比作一个小学生，那么大模型就好比一位经验丰富的教授。小学生可以解决问题，但是受限于知识储备和认知能力，其往往只能处理简单、特定的任务。而经验丰富的教授，由于其深厚的知识积累和强大的推理能力，可以处理更加复杂、多样的任务，并给出更深刻、全面的解答。

大模型与传统机器学习模型的主要区别在于以下几点。

- 参数规模　大模型的参数数量远超传统模型，这使得大模型能够捕捉到数据中更细微、更复杂的模式。
- 训练数据　大模型通常在海量、多样的数据上进行训练，这使得大模型拥有更广阔的知识面和更强的泛化能力。
- 计算资源　训练大模型需要大量的计算资源，例如高性能 GPU 集群和专用的加速器。
- 能力　大模型在自然语言处理、图像识别、语音识别等领域表现出惊人的能力，甚至在某些任务上超越了人类水平。

1.1.2 大模型发展历程中的关键里程碑

大模型的崛起并非一蹴而就，而是经历了漫长的发展历程。其中，一些关键的技术突破起到了至关重要的推动作用：

（1）Transformer 架构 (2017)

如果说发动机是汽车的心脏，那么 Transformer 架构就是大模型的灵魂。它引入了“自注意力机制 (self-attention mechanism)”，使得模型能够更好地理解文本中不同词语之间的关系，极大地提升了模型的性能。就像给模型装上了“智慧的大脑”，让它能够更好地“理解”语言。

（2）BERT (Bidirectional Encoder Representations from Transformers，2018)

BERT 可以看作是第一个真正意义上的“预训练”大模型。谷歌的研究人员通过海量文本数据对 BERT 进行预训练，使其掌握了丰富的语言知识。然后，只需要在特定任务的数据上进行微调（fine-tuning），BERT 就可以胜任各种自然语言处理任务，如同站在巨人的肩膀上，迅速达到一个新的高度。

（3）GPT 系列 (Generative Pre-trained Transformer，2018 至今）

OpenAI 发布的 GPT 系列模型，更是将大模型推向了一个新的高峰。从 GPT-1 到 GPT-4，模型的规模越来越大，能力也越来越强。GPT 系列模型不仅擅长文本生成，还可以进行对话、翻译、代码生成等多种任务。它们就像一位“全能型选手”，在各种领域都展现出非凡的实力。

1.1.3 大模型的优势与局限性

大模型的优势显而易见。

- 强大的性能　在各种任务上都取得了显著的性能提升，甚至在某些任务上超越了人类水平。
- 广泛的应用　可以应用于自然语言处理、计算机视觉、语音识别等多个领域。
- 强大的学习能力　可以从海量数据中学到丰富的知识，拥有更强的泛化能力。

然而，大模型并非完美无缺，它也存在一些局限性。

- 训练成本高昂　需要大量的计算资源和数据，训练成本非常高昂。
- 可解释性差　模型的内部结构和决策过程难以理解，像一个“黑盒子”。
- 容易产生偏见　如果训练数据存在偏见，模型也可能继承这些偏见。
- 数据依赖　大模型的能力很大程度依赖于数据质量，对数据敏感。

尽管存在这些局限性，大模型的发展仍然势不可当。它们正在深刻地改变着人工智能领域，并将在未来发挥越来越重要的作用。

1.2 多模态技术的融合与应用场景（包括文本、图像等）

如果计算机不仅能读懂文字，还能看懂图片，听懂声音，甚至能闻到气味，那将会是怎样一番景象？这就是多模态技术所追求的目标。

大模型的发展为 AI 带来了前所未有的能力，但这些能力大多集中在单一模态，例如文本。而真实世界是多姿多彩、充满各种信息的，单一模态的信息处理方式显然无法满足日益增长的需求。为了让 AI 更接近人类的感知和认知方式，多模态技术应运而生。

1.2.1 什么是多模态技术？

简单来说，多模态技术就是将不同来源、不同形式的信息（如文本、图像、音频、视频等）融合在一起，让计算机能够像人一样，通过多种感官来理解世界。就像一个人既能看书，又能听音乐，还能通过看和听来学习知识一样。

现实世界中，信息往往是以多种模态的形式同时存在的。比如，一篇新闻报道可能包含了文字描述、新闻图片以及相关的采访视频。人们在理解这篇报道时，会综合利用这些不同模态的信息。多模态技术正是借鉴了这一思路，让计算机也能拥有这种“融会贯通”的能力。

1.2.2 多模态融合的常见方式

那么，如何将这些不同形式的信息融合起来呢？常见的融合方式主要有以下两种。

（1）特征级融合

这种方式就像是把不同的乐器组合在一起，形成一个交响乐团。首先，分别从不同模态的数据中提取特征（比如，从图像中提取颜色、纹理等特征，从文本中提取关键词、主题等特征）。然后，将这些特征进行融合，形成一个统一的特征向量，用于后续的任务处理。

（2）决策级融合

这种方式更像是多个专家进行会诊。首先，针对每个模态的数据，分别训练一个模型进行预测。然后，将这些模型的预测结果进行综合，得出最终的结论。就像多个医生分别给出诊断意见，最后综合判断病人的病情一样。

1.2.3 多模态技术的应用场景

多模态技术已经渗透到了生活的方方面面，下面列举几个典型的应用场景。

- 图像描述生成 想象一下，给计算机一张照片，它就能自动生成一段文字描述，这就是图像描述生成技术。例如，给计算机一张沙滩排球的照片，它可能会生成这样的描述："一群人在沙滩上打排球，阳光明媚，海浪拍打着岸边。"这种技术可以帮助视障人士"看到"世界，也可以用于智能相册管理等。
- 视觉问答 给计算机一张图片，然后用自然语言提问，计算机会根据图片内容回答问题。例如，给计算机一张包含各种水果的图片，然后问："图片中哪些水果是红色的？"计算机需要理解问题，观察图片，然后给出答案："苹果和草莓是红色的。"这种技术可以应用于智能客服、教育辅导等领域。
- 跨模态检索 用一种模态的数据去检索另一种模态的数据。例如，用一段文字描述去检索相关的图片，或者反过来，用一张图片去检索相关的文字资料。这种技术可以应用于搜索引擎、图书馆资源检索等。

1.2.4 多模态技术的挑战与未来发展方向

尽管多模态技术已经取得了显著进展，但仍然面临着一些挑战。

- 数据异构性 不同模态的数据具有不同的结构和特点，如何有效地将它们融合在一起是一个难题。
- 模态间的语义鸿沟 如何让计算机理解不同模态数据之间的语义关联，例如图片中的物体与文字描述之间的对应关系，仍然是一个挑战。
- 计算资源消耗 多模态模型的训练和推理通常需要消耗大量的计算资源。

未来，多模态技术将朝着更深层次的融合、更强的泛化能力和更广泛的应用场景方向发展。随着技术的不断进步，计算机将能够更好地理解和处理多模态信息，为人类带来更智能、更便捷的服务，例如更精准的医疗诊断、更人性化的交互界面、更沉浸式的虚拟现实体验，等等。

1.3 Agent 的定义与核心作用

如果把大模型比作一个拥有超强能力的大脑，那么 Agent（智能体）就像是赋予了这个大脑手脚和感知世界的能力，使其能够与环境互动并完成特定任务。Agent 不再仅仅是被动地响应请求，而是能够主动地感知环境、做出决策并采取行动，像一个不知疲倦的、拥有特定技能的“虚拟员工”。

前文对大模型及多模态技术进行了介绍，这些技术的发展为构建更智能、更灵活的应用奠定了基础。然而，要让这些技术真正发挥作用，还需要一个能够将它们整合起来、并与现实世界进行交互的实体。这就是 Agent 发挥作用的地方。

1.3.1 什么是 Agent？

想象一下，一个智能扫地机器人能感知地面上的灰尘和障碍物（通过传感器），进行决策（规划清扫路线），并采取行动（移动和吸尘）。它可以自主完成清洁任务，而无需人工干预。这就是一个简单的 Agent。

更正式地说，Agent 是一个能够感知环境、进行决策并采取行动以实现特定目标的自主实体。Agent 可以存在于各种环境中，例如物理世界（如机器人）、软件系统（如自动化交易系统）或虚拟世界（如游戏中的 NPC）。

1.3.2 Agent 的核心组成部分

Agent 通常包含以下核心组成部分，这些部分协同工作，使其能够与环境交互并实现目标。

- 感知器　Agent 通过传感器或其他方式获取环境信息的能力。例如，自动驾驶汽车通过摄像头、雷达和激光雷达“看到”周围环境。
- 决策器　基于感知到的信息和预先设定的目标，Agent 选择合适的行动方案的能力。这通常涉及复杂的推理和规划过程。例如，一个股票交易 Agent 需要分析市场数据，并根据预设的交易策略决定买入或卖出。
- 行动器　Agent 在其环境中执行选定操作的能力。例如，聊天机器人的“行动”是生成并发送回复，而工业机器人的“行动”可能是抓取和放置物体。

1.3.3 Agent 在 AutoGen 中的作用和意义

如果将大模型比作强大的引擎，那么 AutoGen 就是为这引擎提供控制系统和动力的平台。在这个平台中，Agent 扮演着至关重要的角色，它们是大模型能力的“执行者”。

AutoGen 是一个用于构建基于多个 Agent 的应用程序的框架。在 AutoGen 中，Agent 不再是孤立的个体，而是可以相互协作、共同完成复杂任务的团队成员。

想象一个由多个 Agent 组成的软件开发团队，包括以下成员。

- “需求分析师”Agent　与用户沟通，理解项目需求，并将其转化为具体的开发任务。
- “架构师”Agent　基于需求设计软件的整体架构，并将任务分解为更小的模块。
- “程序员”Agent　编写代码以实现各个模块。
- “测试员”Agent　测试代码，发现并修复错误。
- “项目经理”Agent　协调各个 Agent 的工作，确保项目按时完成。

在 AutoGen 中，Agent 可以利用大模型的能力（例如文本生成、代码编写、逻辑推理）来执行各自的任务，并且可以通过消息传递的方式进行协作。

1.3.4 Agent 的不同类型

AutoGen 灵活支持多种类型的 Agent，以适应不同的应用场景。

- 反应式 Agent（reactive agent）　这种 Agent 能够基于简单的规则行动，对当前的感知信息立即做出反应，类似于“条件反射”。这种 Agent 适用于简单、快速响应的场景。例如，一个温度控制 Agent，当温度超过设定值时，立即打开空调。
- 审慎式 Agent（deliberative agent）　这种 Agent 具有更强的规划和推理能力，能够考虑未来的影响，制定长期的行动计划。例如会下棋的 Agent，它会预先考虑很多步棋，再进行决策。
- 混合式 Agent（hybrid agent）　这种 Agent 结合了反应式 Agent 和审慎式 Agent 的优点，既能快速响应当前情况，又能进行长期规划，这使得它能够适应更复杂和动态的环境。例如，自动驾驶汽车既需要对突发情况做出快速反应（如避让行人），又需要进行路径规划以到达目的地。

通过巧妙设计和组合不同类型的 Agent，AutoGen 能够构建出功能强大、高度自动化的应用程序，为各行各业带来创新和提升效率。

1.4 AGI 应用的当前趋势与未来展望

在科幻电影中，常常能看到无所不能的人工智能助手，它们可以像人类一样思考、学习和解决问题。这种高度智能的系统被称为通用人工智能（artificial general intelligence，简称 AGI）。AGI 与目前专注于特定任务的人工智能（AI）

截然不同，它追求的是实现具有人类水平认知能力的、可以处理各种不同任务的智能。简单来说，如果说当前的 AI 是“专才”，那么 AGI 就是“通才”。

尽管 AGI 的终极形态仍停留在理论和设想阶段，但其概念已经深刻影响了当下人工智能的发展方向。许多前沿的研究和应用，都以实现 AGI 为长远目标，并在不断探索和逼近这一目标的过程中，积累了大量有价值的技术和经验。这些技术和经验正逐步渗透到各个领域，催生出许多令人兴奋的应用。

1.4.1　迈向通用之路：AGI 的当前趋势

虽然真正的 AGI 尚未实现，但人工智能领域已经在一些方向上取得了显著进展，展现出 AGI 应用的雏形和巨大潜力。以下是一些值得关注的趋势。

- 自动化科学研究　设想一下，有一个科研助手，它可以阅读海量文献，提出研究假设，设计实验方案，甚至自动进行实验并分析结果。目前，AI 已经在药物研发、材料科学等领域展现出加速科学发现的潜力。例如，DeepMind 的 AlphaFold2 成功预测了蛋白质结构，这对于生物医学研究具有重大意义。
- 个性化教育　每个学生都有独特的学习方式和学习进度。AGI 有望打造真正个性化的教育体验，根据每个学生的特点定制学习内容、调整教学方法，并提供实时的反馈和辅导。
- 智能医疗　从疾病诊断、治疗方案制定到手术辅助，AGI 可以在医疗领域发挥重要作用。例如，AI 已经可以帮助医生更准确地识别医学影像中的病灶，提高诊断的效率和准确性。
- 自动驾驶　这已经是一个非常热门的领域。虽然距离完全实现还需要时间，但目前的技术已经可以实现 L3、L4 级别的辅助驾驶，未来的愿景是实现脱离人员监控的自动驾驶。

1.4.2　挑战与机遇：通往 AGI 的征途

由于当前的 AI 系统与人类智能存在差距，实现 AGI 仍然面临着巨大的挑战，例如以下几个方面。

- 常识推理　AI 系统往往缺乏人类所拥有的常识知识，难以处理需要复杂推理的任务。
- 因果理解　AI 系统更擅长发现数据之间的相关性，但理解其之间的因果关系仍然是一个难题。
- 可解释性　许多 AI 系统的决策过程如同“黑盒子”，难以解释其做出决策的原因，这限制了它们在关键领域的应用。

- 伦理和社会影响 AGI 的发展将对社会产生深远影响，需要认真考虑其伦理和安全问题。
- 算力支持 当前许多 AI 模型的训练都需要消耗巨大的算力，资源消耗问题也是一个需要考虑的问题。

1.4.3 星辰大海：AGI 的未来展望

尽管面临诸多挑战，但 AGI 的未来发展仍然令人充满期待。未来，AGI 可能在以下方面取得突破。

- 更强大的认知能力 未来的 AGI 系统可能具备更强的推理、学习、解决问题和创造的能力，甚至在某些方面超越人类。
- 更广泛的应用领域 从科学研究到日常生活，AGI 将在各个领域得到广泛应用，深刻改变世界。
- 人机协作 AGI 系统将成为人类的强大助手，与人类共同应对复杂的挑战，推动社会进步。

通过大模型、多模态技术和 Agent 的融合，AGI 未来有望发展为更智能、高效、安全的人工智能。当然，这是一个复杂的问题，需要全球科研人员、工程师、伦理学家和社会各界人士的共同努力。

1.5 常见 LLM 及其服务形式

想象一下，有一个超级博学的语言专家，它读过无数的书籍、文章和网页，能够理解和产出各种各样的文本。这个专家就是大语言模型（LLM）。简单来说，LLM 是一种基于深度学习的人工智能模型，它们通过学习海量的文本数据，掌握了语言的规律和知识，从而能够理解和生成自然语言文本。

LLM 就像一个巨大的“语言仓库”，它不仅仅存储了单词和句子，还存储了它们之间的关系、上下文信息以及各种各样的常识知识。这使得 LLM 能够像人一样进行对话、写作、翻译、总结，甚至可以进行代码编写、逻辑推理等复杂任务。

正是由于 LLM 具备如此强大的能力，近年来涌现出了许多各具特色的 LLM。这些 LLM 在模型架构、训练数据、性能表现等方面存在差异，为不同应用场景提供了多样化的选择。下面将介绍一些常见的 LLM。

1.5.1 常见的 LLM

目前，市面上已经涌现出许多强大的 LLM，其中一些最具代表性的如下。

（1）开源模型

① LLaMA (Large Language Model Meta AI)。Meta 发布的开源 LLM 系列，仅限研究用途（商用需授权）。其开源特性吸引了大量开发者研究和二次开发，推动了 LLM 社区发展。

② Vicuna。由 Large Model Systems (LMSys) 基于 LLaMA 微调的开源模型，使用 ShareGPT 数据优化对话能力。根据 GPT-4 评估，其质量接近 GPT-4 的 90%。

③ BLOOM。由 BigScience 开发的多语言开源 LLM，拥有 1760 亿参数，擅长文化敏感性、包容性语言和多语言能力。

④ DeepSeek。由中国公司深度求索（DeepSeek Inc.）开发的高性能开源推理引擎，支持企业级大模型部署。

⑤ Gemini 系列。谷歌推出的多模态模型，包括 Gemini Ultra（最高性能版本，支持复杂多模态任务）、Gemini Pro（平衡性能与效率，适用于通用场景）、Gemini Nano（轻量级版本，专为移动端设备优化）。

⑥ Qwen 系列。阿里巴巴推出的通义千问系列模型，包括 LLM、Chat 和 Embedding 模型，适用于多种自然语言处理任务。

（2）商业模型

① GPT 系列。由 OpenAI 开发，核心模型包括 GPT-4（支持文本生成、多模态输入）、GPT-4.5（2025 年发布，新增“情商优化”功能，强调情感交互能力）等。

② Claude 系列。由 Anthropic 开发，核心模型包括 Claude 3 Opus（性能超越 GPT-4，支持多模态输入）、Claude 3.7 Sonnet（2025 年发布，首创“混合模式”，可切换“快速响应”与“深度推理”，适用复杂任务处理）等。

③ Grok 系列：由 xAI（马斯克创立，与特斯拉、X 平台协同）开发，核心模型包括 Grok-1.5V（首款多模态模型，支持图像、文档解析，超越 GPT-4）、Grok-3（能够同时处理文本、图像、音频等多种类型的数据，引入了“思维链”推理机制，具备自我纠错机制，性能超过 GPT-4o）。

OpenAI、Anthropic、xAI 均将 2025 ~ 2027 年设为 AGI 突破关键期，技术发展路线围绕多模态、长上下文和实时学习展开。Claude 3 的“自我意识”表现引发讨论，但多数专家认为，这仅是数据对齐的拟人化输出。大模型训练与推理成本较高，Claude 3 Opus 的 API 价格是 GPT-4 Turbo 的 2.5 倍，中小企业采用门槛较高。

1.5.2 LLM 的服务形式

LLM 并非一个可以直接下载安装的软件。通常，LLM 以 API（应用程序编程接口）服务的形式提供给开发者和用户。这意味着开发者可以通过发送请求到特定的服务器来使用 LLM 的功能，而无需自己搭建和维护庞大的模型。

常见的 LLM 服务提供商包括以下几个。

- OpenAI API　OpenAI 提供了一系列基于 GPT 模型的 API 服务，包括文本生成、对话、代码生成等。开发者可以通过 OpenAI 的官方网站申请访问权限，并根据自己的需求选择不同的模型和服务等级。
- Azure OpenAI Service　Microsoft Azure 云平台提供的 OpenAI 服务，将 OpenAI 的模型集成到 Azure 云环境中，为用户提供了安全、可靠、可扩展的 LLM 服务。此外，Azure 提供了企业级安全性、合规性和区域可用性。
- Hugging Face　Hugging Face 是一个流行的开源机器学习社区和平台。它提供了大量的预训练模型和工具，包括 LLM。开发者可以通过 Hugging Face Hub 访问和使用这些模型，也可以将自己的模型分享给社区。
- 阿里云 ModelScope　阿里云推出的 ModelScope 是一个面向 AI 模型的平台，它不仅提供了一系列高质量的预训练模型，包括文本、图像等多种类型的大规模模型，还支持模型的在线体验、调用 API 以及模型训练等功能。这为开发者提供了极大的便利，使得他们可以轻松地将最先进的 AI 技术应用到自己的产品和服务中。
- Amazon SageMaker　亚马逊提供的一个机器学习服务平台，它允许开发者构建、训练和部署机器学习模型。虽然它本身不是专门对 LLM 服务，但用户可以通过该平台部署自己的 LLM 或者使用 AWS Marketplace 上的第三方模型。
- Google AI Platform　谷歌的 AI 平台也提供了类似的机器学习服务，包括但不限于 LLM。开发者可以利用这个平台来训练、评估和部署自己的 LLM，同时也有机会使用谷歌已经训练好的一些模型。
- Ollama　Ollama 是一款专为简化本地 LLM 运行而设计的开源工具，通过类似 Docker 的容器化技术，仅需一条命令即可快速部署和管理开源模型（如 Llama 2）。其核心价值在于降低技术门槛，使开发者、研究者等具有无需复杂配置即可在本地环境中高效调用 LLM 的能力。

- EleutherAI　这是一个致力于推动 AI 研究和开发的非营利组织，提供了一些开源的大型语言模型，如 GPT-Neo 等，供研究者和开发者自由使用和修改。

随着技术的发展，市场上还会不断出现新的参与者和服务形式。值得注意的是，不同的服务提供商可能有不同的优势和侧重点，因此，开发者在选择 LLM 服务时需要根据具体的需求、预算和偏好来决策。

1.5.3 如何选择合适的 LLM 和服务形式

面对众多的 LLM 和服务形式，选择哪一个最合适呢？这取决于具体的应用场景和需求。以下几个方面可以作为参考。

- 功能需求　不同的 LLM 在不同的任务上表现有所差异。例如，如果需要进行复杂的推理任务，可以选择 PaLM；如果需要进行高质量的文本生成，可以选择 GPT 系列；如果希望模型开源且可本地微调，则可以选择 LLaMA。
- 性能要求　不同的 LLM 在处理速度、准确性、稳定性等方面有所不同。需要根据实际应用对性能的要求进行选择。
- 成本预算　不同的 LLM 服务提供商的定价策略不同，需要根据自己的预算选择合适的服务等级。
- 易用性　不同的 LLM 服务提供商的 API 和使用文档不同，需要选择易于上手、文档清晰的服务。
- 安全性与合规性　如果应用涉及敏感数据或需要满足特定的合规要求，则需要选择能够提供相应安全保障和合规认证的服务提供商，例如 Azure OpenAI Service。

总之，选择合适的 LLM 和服务形式需要综合考虑多个因素。建议在实际应用之前，进行充分的调研和测试，选择最符合自身需求的方案。

1.6 Agent 主要框架类型和特点

在人工智能领域，让机器像人一样思考和行动一直是科研人员努力的目标。Agent 的出现，为实现这一目标迈出了关键一步。而 Agent 框架，则是构建和管理这些 Agent 的“脚手架”，让开发者可以更高效地设计、开发和部署 Agent 应用。

Agent 框架的出现并非一蹴而就，市面上存在多种类型的框架，它们各具特色，适用于不同的应用场景。为了更好地理解和选择合适的 Agent 框架，需要对当前主流的框架类型及其特点进行深入了解。

1.6.1 Agent 框架的类型

Agent 框架主要分为两大类：单 Agent 框架和多 Agent 框架。

- 单 Agent 框架　专注于构建单个 Agent，例如，一个用于自动回复邮件的机器人，或者一个用于控制游戏中角色的 AI。这类框架通常提供基础的感知、决策和行动模块，让开发者可以根据具体需求进行定制。
- 多 Agent 框架　关注多个 Agent 之间的协作和交互。想象一下，一个由多个机器人组成的团队，可以共同完成复杂任务，比如仓库管理或者协同作战。多 Agent 框架提供了管理 Agent 之间通信、协调和资源分配的机制。

1.6.2 常见 Agent 框架的特点

目前，市面上已有许多优秀的 Agent 框架，以下是一些具有代表性的框架及其特点。

（1）AutoGen

AutoGen 由微软开发，专注于构建多 Agent 系统。它支持自主、可扩展的 AI Agent 团队构建，允许用户创建和管理多个 Agent，以协同完成复杂的任务。AutoGen 支持跨语言开发，并提供了丰富的 API 和扩展接口。其模块化设计和事件驱动的架构使其在团队协作系统、自动化翻译服务、智能内容生成等领域表现出色。

应用场景：团队协作系统、自动化翻译服务、智能内容生成、代码辅助开发等。

（2）LangChain

LangChain 是一个强大的框架，尤其擅长构建基于 LLM 的应用。它提供了许多预构建的组件和工具，可以轻松连接各种 LLM，并实现复杂的任务链。LangChain 的核心优势在于其对单个 Agent 的构建支持，能够快速实现从简单的任务到复杂的工作流的开发。然而，LangChain 在多 Agent 系统的支持上相对有限，更适合专注于单一 Agent 的应用开发。

应用场景：对话式 AI 助手、文本生成、复杂任务自动化等。

（3）LangGraph

LangGraph 是 LangChain 生态系统的一部分，通过图结构抽象地将

Agent 与工具或其他 Agent 连接起来。它支持复杂的循环控制、状态管理和人机交互，能够处理复杂的多角色应用。LangGraph 的优势在于其高度的灵活性和可定制性，但其学习曲线较陡峭，适合需要高度定制化 Agent 系统的场景。

应用场景：复杂工作流程自动化、多轮对话系统、人机协作场景等。

（4）CrewAI

CrewAI 是一个基于 LangChain 的多 Agent 框架，专注于创建基于角色的协作式人工智能系统。它允许开发者为每个 Agent 自定义具体的角色、目标和工具，并支持顺序任务执行和层级流程。CrewAI 的优点是灵活的任务委派和管理，适合按顺序执行的任务。

应用场景：需要多个 Agent 协同工作，按顺序执行任务的场景。

（5）MetaGPT

MetaGPT 是一个模拟完整软件开发团队角色的框架，覆盖从需求分析到代码生成的全流程。它支持多角色 Agent 的协同决策机制，能够自动化软件开发全生命周期。MetaGPT 的核心优势在于其高度的流程自动化和角色抽象能力。

应用场景：软件项目自动化开发、技术方案生成、代码审查和优化等。

（6）ChatDev

ChatDev 是一个专注于自动化软件开发全生命周期的框架，支持不同角色 Agent 的协同工作。它将复杂任务分解为原子级对话，能够自动化完成设计、编码、测试和文档生成等任务。ChatDev 的核心优势在于其高效的多角色协作和任务分解能力。

应用场景：软件开发、技术文档生成、功能测试等。

（7）Swarm

Swarm 是 OpenAI 发布的一个轻量级多 Agent 编排框架，支持 Agent 之间的对话交接和任务委派。它具有高度的可定制性和可扩展性，适用于开发和教育目的，但目前仍处于实验阶段，不建议用于生产环境。Swarm 的核心优势在于其简洁的架构和灵活的功能扩展性。

应用场景：多智能体系统开发、教育和测试环境等。

（8）Phidata

Phidata 是一个基于 Python 的框架，能够将 LLM 转化为 AI 产品中的 Agent。它支持多种主流的闭源和开源 LLM，并提供对数据库和向量存储的支持。Phidata 的核心优势在于其多 LLM 支持、监控功能和灵活的部署选项。

应用场景：需要连接多种 LLM 和数据库的 AI 应用开发。

（9）AgentScope

AgentScope 是由阿里巴巴开源的多 Agent 框架，支持分布式框架，并在工程链路上进行了优化和监控。它适合需要分布式部署和高性能监控的多 Agent 应用。

应用场景：分布式应用开发、物联网智能控制等。

（10）uagents

uagents 是一个轻量级的去中心化 Agent 框架，支持分布式 Agent 部署。它具有简洁的开发接口和灵活的部署选项，适合开发去中心化应用。

应用场景：分布式应用开发、物联网智能控制、去中心化社交网络等。

1.6.3 AutoGen 的独特性

与其他 Agent 框架相比，AutoGen 的独特性体现在以下几个方面。

① 多 Agent 协作与异步消息传递。AutoGen 专注于构建多 Agent 系统，支持创建多种类型的 Agent，并通过异步消息传递进行协作。这种机制允许 Agent 独立运行，支持事件驱动和请求 / 响应交互模式，极大地提高了系统的并发性和响应速度。与 LangGraph 和 CrewAI 相比，AutoGen 在多 Agent 协作的灵活性和自定义程度上更具优势。

② 易于使用。AutoGen 提供了高层级的 API 和抽象，降低了多 Agent 系统开发的复杂性。即使是初学者，也可以通过简单的配置和代码，快速构建出复杂的 Agent 应用。

③ 模块化设计与高度可扩展性。AutoGen 采用模块化架构，开发者可以轻松地添加自定义组件（如 Agent、工具、模型等），并根据需求灵活组合。这种设计不仅支持复杂的分布式 Agent 网络，还允许开发者在不改变核心架构的情况下进行扩展。

④ 与 LLM 的深度集成。AutoGen 能够与最先进的 LLM（如 OpenAI 的 GPT 系列）无缝集成，充分发挥 LLM 的强大功能。这种深度集成使得 Agent 具备强大的自然语言理解和生成能力。

⑤ 强大的工作流优化与调试工具。AutoGen 简化了 LLM 工作流的编排和优化过程，提供了内置的调试工具和消息追踪功能。开发者可以通过这些工具实时监控 Agent 之间的交互，快速排查问题。此外，AutoGen 还支持工作流的保存和加载，允许暂停和恢复对话。

⑥ 人类参与“人在回路”功能。AutoGen 支持在 Agent 工作流程中加入人类的参与，实现人机协同。这一功能在需要人类监督或干预的复杂任务中尤为重要。

总而言之，AutoGen 以其独特的多 Agent 协作能力、易用性和可扩展性，在众多 Agent 框架中脱颖而出，成为构建复杂 Agent 应用的首选工具。尤其是在需要多个 Agent 协同工作的场景下，AutoGen 的优势更加明显。在下一节中，我们将深入探讨 AutoGen 的核心概念、优势和关键特性。

1.7 AutoGen 定义、优势与关键特性

AutoGen 是一个强大的框架，专门用于简化下一代大模型应用的开发。它提供了一套精心设计的工具，让开发者能够轻松构建复杂的、基于多 Agent 协作的应用。可以把 AutoGen 想象成一个交响乐团的指挥，它不演奏具体的乐器（大模型），而是协调各个乐器（Agent）之间的配合，共同奏响美妙的乐章（完成任务）。

AutoGen 的核心理念在于“多 Agent 对话范式”。它认为，许多复杂的现实问题都可以通过多个 Agent 之间的合作来解决。每个 Agent 都有自己的角色、能力和目标，通过相互通信、协商和协作，共同完成任务。这就像一个团队，成员之间分工明确，互相配合，才能高效地解决问题。

从最初的概念验证到如今功能丰富的框架，AutoGen 经历了多个版本的迭代与演进。其中，0.4 版本在易用性、功能性和性能方面都带来了显著的提升，标志着 AutoGen 迈向了一个新的阶段。

1.7.1 AutoGen 的版本发展

作为曾经与 LangChain、LlamaIndex 一起被视为最早的 LLM 应用底层开发框架三驾马车之一的微软 AutoGen，在 2024 年经历了一系列内部变动后，进行了全新的设计与重构，推出了改头换面的 AutoGen 0.4 版本（旧版本为 0.2），并在 2025 年初推出了最新的稳定版本 0.4 版本，相较于之前的版本进行了较大改动，在易用性、稳定性和功能丰富度方面都有了明显的进步，它对多 Agent 的管理更加高效，提供了更灵活的配置选项，并增强了与其他工具的集成能力。开发者可以更轻松地构建和部署复杂的 Agent 系统。

1.7.2 AutoGen 的优势

相比于其他框架，AutoGen 具有以下几个显著的优势。

① 简化多 Agent 系统开发。AutoGen 的核心围绕着多 Agent，将多个

Agent 之间的互动抽象为会话。开发者无需深入了解底层通信机制，只需关注 Agent 的角色、能力和交互逻辑即可，因此可以极大简化多 Agent 系统的开发。

② 提高开发效率。AutoGen 提供了许多开箱即用的组件和工具，例如，预定义的 Agent 角色、常用的交互模式等。开发者可以直接使用这些组件，或者根据自己的需求进行定制，从而避免了从零开始构建的烦琐过程，显著提高开发效率。

③ 降低开发门槛。AutoGen 的设计注重易用性，提供了清晰的 API 和丰富的文档。即便是对人工智能领域了解不深的开发者，也能快速上手，构建出功能强大的 Agent 应用。

1.7.3　AutoGen 的关键特性

AutoGen 拥有许多强大的特性，使其成为构建复杂应用的理想选择。

① 多 Agent 对话。AutoGen 最核心的特性就是支持多 Agent 之间的对话。Agent 之间可以通过消息传递的方式进行通信，交换信息，协商方案，共同完成任务。就像人类之间的对话一样，Agent 之间的对话可以是简单的请求和响应，也可以是复杂的讨论和辩论。

② 可定制的交互模式。AutoGen 提供了多种预定义的交互模式，如单轮对话、多轮对话、广播模式等。开发者可以根据具体的应用场景选择合适的交互模式，也可以自定义交互逻辑，实现更灵活的控制。比如，可以定义一个“评审 - 修改”的交互模式，让一个 Agent 负责生成内容，而另一个 Agent 负责评审并提出修改意见，反复迭代，直到最终结果满足要求。

③ 工具集成。AutoGen 可以与各种外部工具进行集成，例如搜索引擎、数据库、代码执行器等。Agent 可以调用这些工具来获取信息、执行操作，从而扩展自身的能力。举个例子，一个 Agent 可以通过调用搜索引擎来获取最新的新闻资讯，然后根据这些资讯生成一份新闻摘要。

1.7.4　AutoGen 的应用场景

AutoGen 可以广泛应用于各种领域，举例如下。

- 自动化任务　自动执行重复性任务，例如，数据收集、报告生成、邮件处理等。
- 编程辅助　可以作为代码助手执行功能，例如，代码生成、错误检查、代码优化、辅助编写测试用例等。

- 数据科学工作流　可以用于协调及管理数据分析和科学实验的流程执行功能，例如实验结果分析、报告生成等。
- 游戏　创建具有复杂行为和交互能力的 NPC（非玩家角色）。
- 教育　构建个性化的学习助手，为学生提供定制化的辅导和解答。
- 客户服务　构建智能客服系统，自动回答用户的问题，提供个性化的服务。

总之，AutoGen 作为一个强大的框架，为开发者提供了构建复杂、基于多 Agent 的大模型应用所需的工具。其具备多 Agent 对话、可定制的交互模式和工具集成等关键特性，使得开发者能够轻松构建出高效、智能的应用，满足各种不同的需求。尤其在多 Agent 系统管理方面，AutoGen 提供了清晰、简洁的接口，让开发者能够专注于业务逻辑，而无需过多关注底层的实现细节，从而大大提高了开发效率和应用性能。

第 2 章

Agent 开发环境及大模型的搭建

在正式踏入 Agent 开发的大门之前，首先需要为 Agent 的运行准备好基础环境。Python 作为当前最流行的编程语言之一，是 AutoGen 框架所使用的语言，因此，搭建一个稳定、易于管理的 Python 开发环境是首要任务。

本章将详细介绍如何搭建一个适合开发基于大模型的 Agent 的应用环境，包括 Python 开发环境、Ollama 运行环境、OpenAI 客户端以及 AutoGen 框架的安装与使用。

AutoGen

2.1 搭建 Python 环境

本节将详细介绍如何设置 Python 环境，为后续的大模型部署和 Agent 开发奠定坚实基础。

Python 环境的配置方式多种多样，可以直接从 Python 官网下载安装，也可以使用包管理器。考虑到易用性和后续扩展的便利性，本节推荐使用 Anaconda 来管理 Python 环境。Anaconda 不仅包含了 Python 解释器，还集成了大量常用的数据科学、机器学习相关的软件包，并提供了强大的虚拟环境管理功能，可以有效避免不同项目之间的依赖冲突。

2.1.1 跟我做：下载并安装 Anaconda

本节将手把手地引导完成 Anaconda 的下载与安装。Anaconda 是一个强大的 Python 环境和包管理器，就像一个工具箱，里面预装了许多常用的数据科学、机器学习工具，省去了单独安装和配置的麻烦。

（1）下载 Anaconda 安装包

首先，访问 Anaconda 的官方网站。输入邮箱点击提交按钮完成注册，如图 2-1 所示。

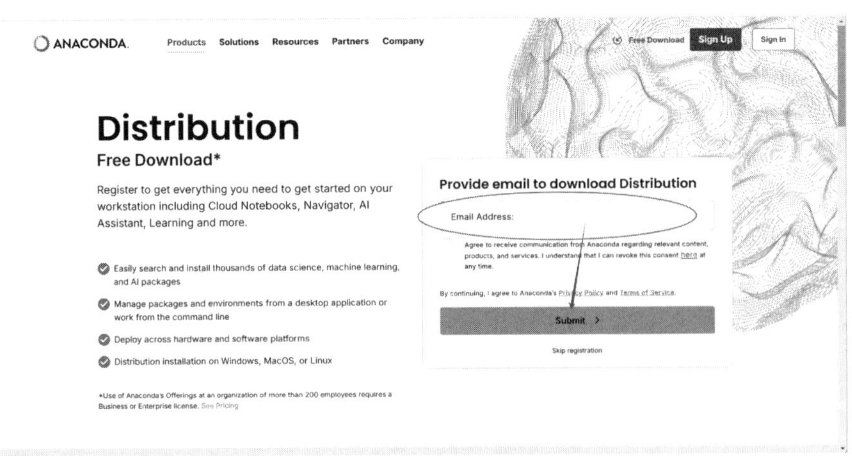

图 2-1　Anaconda 注册界面

在注册之后，点击“Download”按钮（或者找到对应操作系统的下载链接），下载适合自己操作系统的安装包。

（2）安装 Anaconda

下载完成后，双击安装包开始安装。安装过程与安装普通软件类似，一路点击“Next”（下一步）即可。但应注意以下几点。

- 安装类型　选择“Just Me”（仅为当前用户）安装即可。
- 安装路径　可以选择默认的安装路径，也可以自定义安装路径（路径中不要出现中文或空格）。
- 高级选项（Windows）　勾选“Add Anaconda to my PATH environment variable”选项。将 Anaconda 添加到环境变量中，这样才能在命令行或终端中直接使用 conda 命令。
- 高级选项 (macOS/Linux)　安装程序可能会提示是否将 Anaconda 路径添加到“.bashrc”或“.zshrc”尾缀的文件中。根据安装程序的指引进行配置。

（3）验证安装

安装 Anaconda 完成后，需要验证安装是否成功。在开始菜单会有如下内容。

- Anaconda Navigator　Anaconda 的导航功能面板。
- Anaconda PowerShell Prompt　支持 PowerShell 的 Python 交互式界面。
- Anaconda Prompt　Python 交互式界面。
- Jupyter　Notebook　基于网页（Web）的交互式开发界面。
- Spyder　Python 的集成开发环境（IDE）。

可以选择 Anaconda Prompt，进入到 Python 的交互式界面（如果是 macOS 或 Linux 系统环境下，直接打开终端即可）查看 Python 的版本信息。如图 2-2 所示。

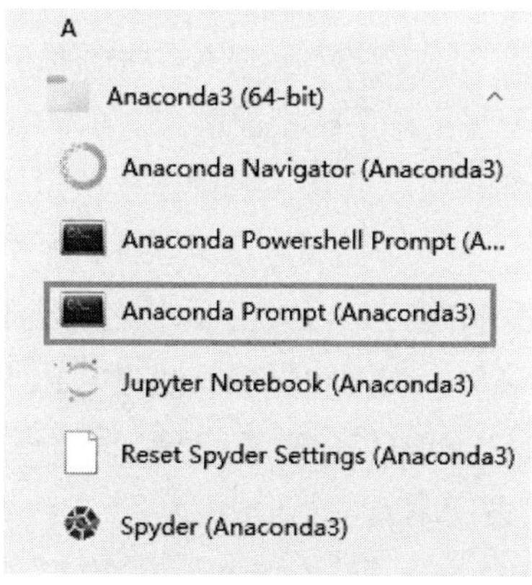

图 2-2　开始菜单中的 Anaconda Prompt

在命令行中输入以下命令。

```
conda --version
```

如果安装成功，会显示 Anaconda 的版本号，如下。

```
conda 24.9.2
```

这表明 Anaconda 已经成功安装并配置好了。

到这里，Anaconda 就已经成功安装到电脑上了。那么，为什么要使用 Anaconda？直接安装 Python 不行吗？Anaconda 相比直接安装 Python，优势在哪里？答案是，Anaconda 中集成了很多工具，使用起来更加方便。接下来，将在“跟我学”部分详细介绍这些工具。

2.1.2　跟我学：了解 Anaconda 在 Python 开发中的作用

通过以上“跟我做”环节，已经成功安装了 Anaconda。现在，来深入了解一下 Anaconda，看看它究竟有哪些强大的功能，以及为什么推荐初学者使用它进行 Python 环境管理。

（1）Anaconda Navigator：图形化的“控制中心”

Anaconda Navigator 是 Anaconda 的图形化界面，就像一个“控制中心”，可以方便地启动各种工具、管理环境和安装软件包，而无需在命令行中敲击复杂的命令。

（2）Conda：幕后的“大管家”

如果说 Anaconda Navigator 是一个前台的“控制中心”，那么 Conda 就是幕后的“大管家”，负责管理软件包和环境。Conda 有以下两个主要功能。

① 包管理器。Conda 可以用来安装、更新和删除软件包。就像手机上的“应用商店”，可以从中下载和管理各种“应用”（软件包）。Anaconda 仓库中包含了大量常用的科学计算软件包，例如 NumPy、pandas、scikit-learn 等，可以直接通过 Conda 安装，无需手动下载和配置。

② 环境管理器。Conda 可以创建和管理多个虚拟环境。什么是虚拟环境？想象一下，在电脑上创建了几个独立的“工作空间”，每个“工作空间”都有自己的一套“工具”（软件包）。这些“工作空间”之间互不干扰，即使在一个“工作空间”中把“工具”弄坏了，也不会影响其他的“工作空间”。使用虚拟环境的好处是可以避免不同项目之间的软件包版本冲突，保持开发环境的干净整洁。

（3）为什么推荐初学者使用 Anaconda？

① 跨平台。Anaconda 可以在 Windows、macOS 和 Linux 等不同操作系

统上使用，无需担心兼容性问题。无论使用哪种操作系统，都可以获得一致的开发体验。

② 方便管理多个环境。前面已经介绍了虚拟环境的重要性。Conda 提供了简单易用的命令来创建、激活、切换和删除虚拟环境，让环境管理变得轻松。

③ 预装了大量科学计算常用的包。Anaconda 已经预装了许多常用的科学计算软件包，例如 NumPy、pandas、matplotlib 等，省去了单独安装的麻烦。对于初学者来说大大降低了入门门槛，可以专注于学习 Python 语言和相关领域的知识，而不用花费大量时间在环境配置上。可以把 Anaconda 想象成一个已经配置好各种“装备”的“冒险家”，可以直接开始进行“探险”(数据分析、机器学习等)，而不需要从头开始收集“装备”。

总之，Anaconda 提供了一站式的解决方案，简化了 Python 环境管理和软件包安装的过程，让初学者可以更快地上手 Python 开发。在接下来的章节中，我们将继续使用 Anaconda 创建的虚拟环境，并在这个环境中安装和配置各种工具，开始构建 Agent 应用。

2.1.3　跟我学：安装 Anaconda 中的集成工具

在开始菜单中，打开 Anaconda Navigator，如图 2-3 所示，能够看到 Spyder、PyCharm、VSCode、Jupter Notebook 等程序，它们都是

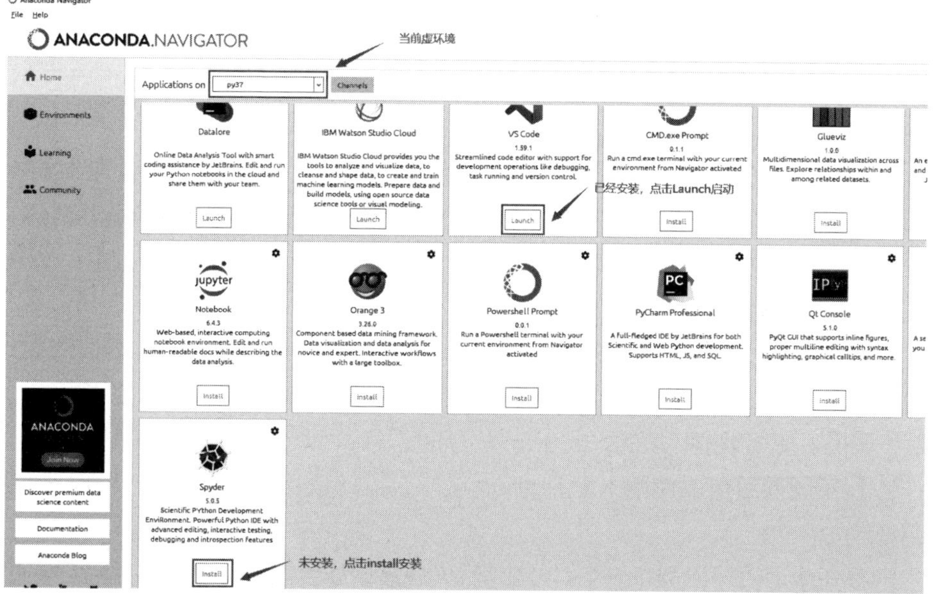

图 2-3　Anaconda Navigator 界面

Anaconda 中的集成工具，这些工具是与 Python 有关的开发工具。可以通过图中“Install”按钮进行安装，一旦安装成功，“Install”按钮就会变成“Launch”按钮。点击“Launch”按钮即可启动工具。

下面举例介绍，图 2-3 中常用的 Python 开发工具。

- Spyder Spyder 是一款 Anaconda 集成的开发环境，专为科学计算和数据分析而设计，提供强大的代码编辑、代码调试和数据科学库集成功能。它包括交互式控制台、内置调试器、变量资源管理器等工具，适用于数据科学家和工程师。
- PyCharm PyCharm 是一款强大的 Python 集成开发环境（IDE），具有智能代码补全、强大的调试器和丰富的插件生态系统，适用于 Python 开发的各种项目，特别是大型应用程序。
- Visual Studio Code (VSCode) VSCode 是一款轻量级、高度可定制的代码编辑器，支持多种编程语言，通过插件系统可扩展成全功能 IDE，广泛用于 Python 和其他语言的开发。
- Jupyter Notebook Jupyter Notebook 是一个交互式的数据科学工具，允许用户以文档方式编写和运行代码，适用于数据分析、可视化和机器学习任务，提供易于分享和展示的 Notebook 文件。

2.1.4 跟我学：Python 虚拟环境

随着 Python 的广泛应用，一个典型的问题逐渐凸显：不同的 Python 项目可能会依赖不同版本的相同包。比如项目 A 需要安装 pandas 1.x，而项目 B 需要 pandas 0.x。

如果直接在系统 Python 环境中安装不同版本的 pandas，势必会导致冲突和异常。每次切换项目都需要小心翼翼地检查包版本并更新，非常麻烦。那么有没有更好的解决方案呢？

答案是使用 Python 虚拟环境。

虚拟环境为每个项目创建一个相互隔离的 Python 运行环境。在虚拟环境中安装的包不会影响系统环境，不同项目的虚拟环境可以使用不同版本的相同包，互不干扰。使用虚拟环境的好处在于以下几点。

① 不同项目可以使用不同 Python 版本，比如项目 A 使用 2.7，项目 B 使用 3.6。

② 每个项目可以拥有一个“办公室”，只装该项目需要的包，不会污染全局环境。

③ 项目迁移时只需要打包虚拟环境，不会出现版本依赖问题。

④ 可以轻松重现生产环境，方便测试和部署。

使用虚拟环境后，所有的项目环境都变得清爽独立，再也不必担心环境问题，这极大地提高了开发效率和项目质量。

2.1.5　跟我学：用 Anaconda 界面管理 Python 虚拟环境

创建虚拟环境的方法有很多种，这里以使用 Anaconda 创建虚拟环境为例。

从开始菜单打开 Anaconda Navigator，选择左侧“Environments”，点击“Create”按钮。如图 2-4 所示。

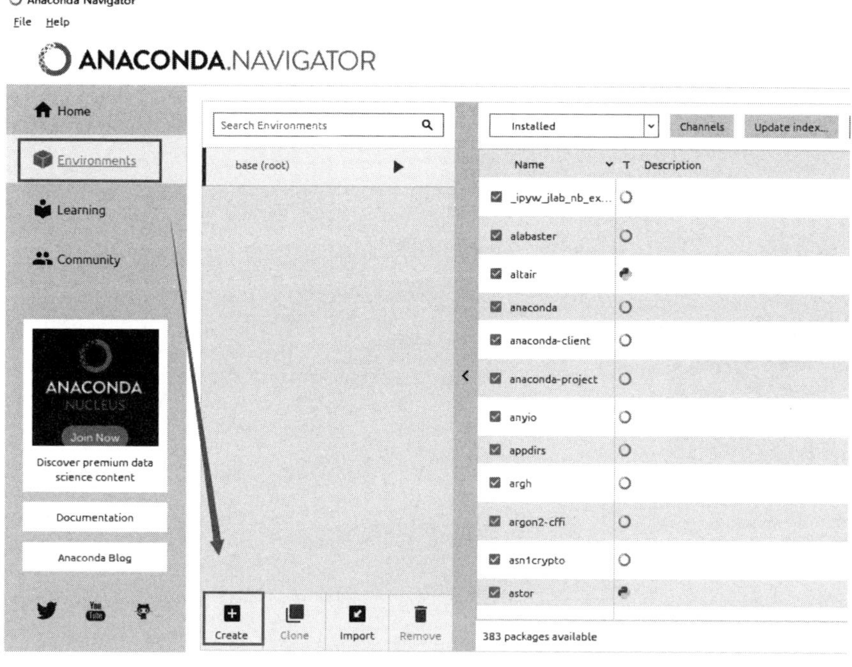

图 2-4　Anaconda 创建虚拟环境

填写虚拟环境的名称，这里选择创建了一个 Python3.12.9 版本的虚拟环境，名为“py312”。如图 2-5 所示。

通过以下方式可以打开新创建的 Python 3.12.9 虚拟环境。如图 2-6 所示。

Anaconda 的人机交互界面非常简单易用，使用 Anaconda 除了可以创建、进入虚拟环境，还可以对虚拟环境进行删除、修改等管理，每个功能都有对应的操作按钮。

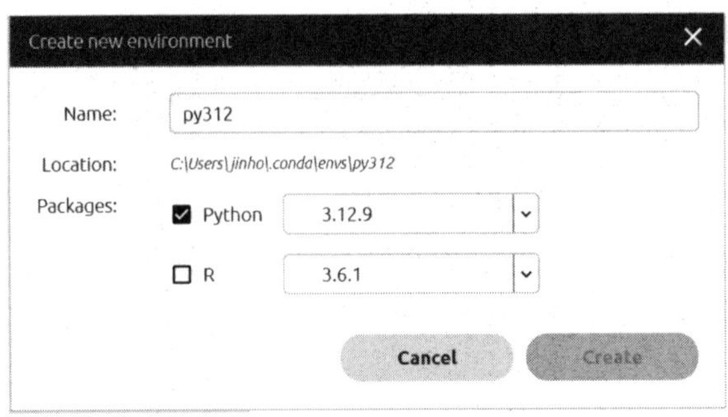

图 2-5　填写虚拟环境名称对话框

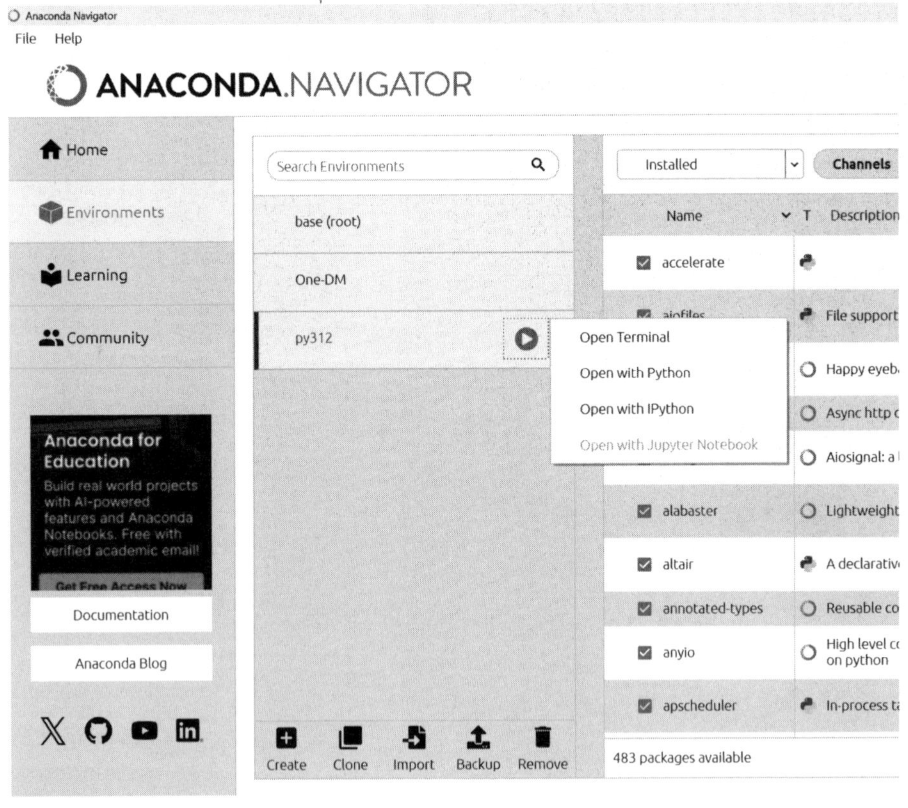

图 2-6　打开虚拟环境

2.1.6　跟我学：用 Anaconda 命令行管理 Python 虚拟环境

Anaconda 还提供了一组基于命令行管理虚拟环境的方式，使用命令行方式不需要启动界面，会使操作更加便捷一些。具体命令见表 2-1。

表2-1　Anaconda下管理虚拟环境的命令

命令	功能
conda create - name 虚拟环境名 Python= 版本号	创建虚拟环境
conda activate 虚拟环境名	进入虚拟环境
conda deactivate	退出当前虚拟环境
conda info --envs	查看当前系统有哪些虚拟环境
conda remove --name 虚拟环境名 --all	删除虚拟环境

在使用命令行模式时，最好以管理员身份来运行 cmd 命令，这样会免去很多因为权限问题引起的麻烦。

2.2　配置 Ollama 环境

在完成了 Python 环境的搭建之后，下一步是配置 Ollama 环境。Ollama 是一个强大的工具，能够简化本地运行大型语言模型（LLM）的过程，为后续的 Agent 开发提供便利。接下来将详细介绍如何下载、安装 Ollama，并对其进行基础配置。

2.2.1　跟我做：下载并安装 Ollama 运行环境

Ollama 就像一个大模型的“管家”，负责下载、管理和运行各种大语言模型。

（1）下载 Ollama 安装包

首先，访问 Ollama 的官方网站。

在网站首页，可以找到下载链接（如图 2-7 所示）。根据自己电脑的操作系统（Windows、macOS 或 Linux），点击相应的下载按钮，下载对应的安装包。整个下载过程就像平时在网站上下载软件一样。

（2）安装 Ollama

下载完成后，就可以开始安装了。

- macOS 和 Linux 用户　安装过程非常简单，通常只需双击下载的安装包，按照提示一步步操作即可。就像安装其他任何应用程序一样，没有什么特别之处。

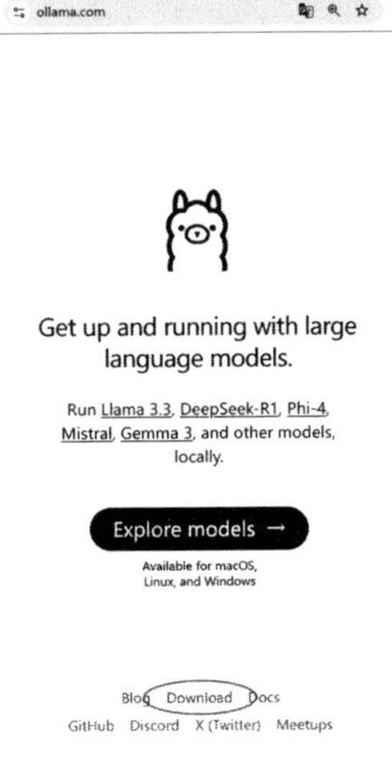

图 2-7　Ollama 下载页面

- Windows 用户　安装过程稍有不同，需要启用 WSL2（Windows Subsystem for Linux 2）。WSL2 允许在 Windows 上运行 Linux 环境。可以把 WSL2 想象成在 Windows 电脑里安装了一个“Linux 虚拟机”，大部分操作还是在 Windows 环境下，只是需要用到 Linux 的时候，就“切换”过去。

如果电脑尚未启用 WSL2，请按照以下步骤操作。

- 以管理员身份打开 PowerShell 或 Windows 命令提示符 [右键点击“开始”菜单，选择“Windows PowerShell（管理员）”或“命令提示符（管理员）”]。
- 输入 wsl --install 命令并按 Enter 键。
- 这条命令会自动安装 WSL2 所需的组件，包括启用“虚拟机平台”可选功能。
- 安装完成后，重启电脑 。
- 重启后，WSL2 会自动完成安装。如果没有自动弹出安装界面，可以在 Microsoft Store 中搜索并安装一个 Linux 发行版（例如 Ubuntu）。
- 安装好 WSL2 后，双击下载的 Ollama 安装包进行安装。安装程序会自动检测并配置 WSL2 环境。

（3）验证安装

安装完成后，需要验证一下 Ollama 是否正确安装。

打开终端（Windows 用户打开 PowerShell 或 WSL 终端，macOS 和 Linux 用户打开 Terminal）。

在终端中输入以下命令并按 Enter 键：

```
ollama --version
```

如果安装成功，终端会显示 Ollama 的版本号，例如：

```
ollama version is 0.1.28
```

如果看到版本号输出，说明 Ollama 已经成功安装在电脑上了。就像查看新买的手机的系统版本一样。

2.2.2 跟我学：了解 Ollama

Ollama 可以被看作是一个本地大模型运行和管理的平台。如果把大语言模型比作一辆汽车的发动机，那么 Ollama 就是整个汽车的底盘、车架等其他部分，二者结合，才能让汽车跑起来。它可以帮助下载、管理各种各样的大语言模型，并提供一个统一的接口，让其他应用（例如后续要讲的 Langchain 和 AutoGen）可以方便地调用这些模型。

Ollama 的架构相对简单，可以认为包含以下几个关键部分。

① 命令行界面 (CLI)。这是与 Ollama 交互的主要方式，就像汽车的方向盘和仪表盘。通过“ollama”命令，可以执行各种操作，例如下载模型、运行模型、查看模型列表等。

② REST API。Ollama 提供了一个 REST 架构风格的 API，就像汽车上的车载诊断系统（OBD）接口，可以通过标准化的协议访问和控制车辆的各种功能。其他应用程序可以通过这个 API 与 Ollama 进行通信，从而使用 Ollama 管理的模型。

③ 模型库 (Model Library)。Ollama 有一个官方的模型库，包含了许多预训练好的大语言模型。就像一个汽车配件商店，可以根据需要选择不同的发动机（模型）。可以通过“ollama pull”命令从模型库中下载模型。

④ 模型管理。下载的模型会被存储在本地，可以通过“ollama list”查看已经下载的模型。就像车库中停放着已经购买的各种型号汽车。

安装 Ollama，就是为后续使用大模型做准备。后续章节中将使用 Ollama 下载并运行具体的大模型，并进一步学习如何构建基于大模型的应用。

2.2.3 跟我学：探索 Ollama 的基础架构与模型加载机制

接下来，我们将揭开 Ollama 的神秘面纱，深入了解其内部运作机制。

（1）客户端 - 服务器架构

Ollama 采用了客户端 - 服务器（client-server）架构。这种架构模式非常常见，就像去餐厅吃饭一样。

- 客户端（client） 就像是点餐的顾客，负责发出请求（点菜）。在 Ollama 中，使用的命令行工具“ollama run...”或者后续将要用到的 Python 代码，都属于客户端。
- 服务器（server） 就像是餐厅的后厨，负责处理请求（做菜）并返回结果（上菜）。Ollama server 负责加载模型、处理推理请求，并将结果返回给客户端。

（2）客户端 - 服务器架构的优势

Ollama 选择客户端 - 服务器架构主要是考虑以下优势。

- 资源集中管理 模型只需要在服务器端加载一次，所有客户端都可以共享使用，避免了重复加载带来的资源浪费。就像餐厅的后厨只需要准备一次食材，就可以为多个顾客提供服务。
- 易于维护和升级 只需要更新服务器端的 Ollama 版本和模型，所有客户端都可以立即享受到最新的功能。就像餐厅只需要更换菜单，所有顾客的选择都会相应更新。
- 可扩展性强 如果请求量增加，可以通过增加服务器数量来分担负载，提升整体性能。就像餐厅可以通过增加厨师和服务员来应对更多的顾客。

（3）模型加载机制：从网络或本地

Ollama 的模型可以从两个地方加载。

- 从网络加载（默认） 在运行“ollama run <model_name>”命令时，如果本地没有找到对应的模型，Ollama 会自动从 Ollama 的官方模型库（类似于一个在线应用商店）下载模型。这就像从菜单上选购一个之前没有的应用。
- 从本地加载 如果已经下载了模型，或者有一个自定义的模型文件，可以将其放在 Ollama 指定的位置（例如，“.ollama/models 目录”），Ollama 就可以直接从本地加载模型。就像从家里带个饭盒到店里加热一样。

（4）模型格式：GGUF

Ollama 主要支持 GGUF（GPT-generated unified format）格式的模型。GGUF 是一种专门为大语言模型设计的格式，它将模型权重、词汇表和元数据打包在一起，方便分发和加载。

可以将 GGUF 格式理解为一个压缩包，里面包含了运行大语言模型所需的一切。这种格式的优点如下。

- 单一文件 方便管理和分发，不需要处理多个分散的文件。

- 跨平台　可以在不同的操作系统和硬件平台上运行。
- 元数据丰富　包含了模型的各种信息，如作者、版本、许可证等。

2.2.4 跟我做：安装 DeepSeek 模型到 Ollama 环境中并进行测试

现在，来安装并测试另一个强大的模型：DeepSeek。

（1）下载 DeepSeek 模型

打开终端，执行以下命令：

```
ollama pull deepseek-r1:7b
```

这条命令会从 Ollama 的模型库中下载名为“deepseek-coder:33b-instruct”的模型。下载过程可能需要一些时间，具体取决于网络速度和模型大小。可以把这个过程想象成从应用商店下载一个大型游戏。

（2）运行 DeepSeek 模型并进行测试

模型下载完成后，就可以运行它并进行测试了。在终端中输入以下命令：

```
ollama run deepseek-r1:7b
```

然后输入：

```
解释一下"涌现"
```

稍等片刻，DeepSeek 模型会给出它的回答，模型的输出结果类似如下所示：

```
<think>
嗯，用户想知道"涌现"的意思。这个词挺常见的，但我也得再想想具体指的是什么。
……
总的来说，"涌现"主要描述的是某件事情突然发生或显现出来的过程，带有某种积极或消极的意义取决于具体的语境。
</think>
"涌现"是一个汉语词汇，通常用于描述一种现象、趋势或情感的突然出现或显著表现。它可以用来形容事物从内部突然变得突出或外露的状态。

1. **字面意思**:
   "涌现"由"出"和"现"组成。"出"表示离开、走出，"现"表示显现、呈现，合起来指某种现象或事物从内部或潜在状态中突然显现出来。

2. **常见用法**:
   - **自然现象**: 如河流从山谷涌现而出，洪水涌现。
   - **社会现象**: 如政策出台后涌现的趋势，经济繁荣的涌现。
   - **情感表达**: 如人们从悲伤中emerge，展现出新的状态或情绪。

3. **语法结构**:
```

```
"涌现"通常作为动词使用，后面接名词。例句：
- 这场storms的影响已经逐渐消退，但其带来的emerge情况仍在观察。
- 他的Emergence of ideas展示了他的创造力。

"涌现"常用来描述一种突发性或突然出现的现象，带有一定的动态和变化感。
```

可以看到，DeepSeek 模型准确地理解并回答了“解释一下‘涌现’”这个问题。

2.2.5 跟我学：选取适合项目需求的大模型介绍

前面通过 Ollama 成功部署了几个大语言模型，感受到了本地部署的便捷。但面对众多模型，如何根据项目需求进行选择呢？ 这就像去餐厅点菜，面对琳琅满目的菜单，只有了解每道菜的特点，才能选到符合口味的那一道。本节就来介绍一些常见的开源大模型，并对比它们的特性，帮助进行模型选择。

（1）常见的开源大模型

① DeepSeek。DeepSeek 是由于 2023 年成立的深度求索人工智能基础技术研究有限公司推出的一系列模型，目标是实现通用人工智能（AGI）。DeepSeek 系列模型在多个评测榜单上表现出色，尤其是在代码、数学和推理能力方面。可以将 DeepSeek 比作一位“数学家”，它在逻辑推理和计算方面表现突出。

② Mistral 7B。Mistral 7B 是 Mistral AI 公司发布的一个 70 亿参数规模的模型。虽然参数量相对较小，但 Mistral 7B 在性能上却能与更大的模型相媲美，甚至在某些方面超越了它们。Mistral 7B 的优势在于高效和快速，适合在资源有限的环境下部署。它就像一位“短跑健将”，速度飞快，效率惊人。

③ Gemma。Gemma 是谷歌开源的一系列轻量级模型。Gemma 模型基于谷歌的 Gemini 模型，使用了类似的技术和架构。Gemma 系列模型旨在提供高性能和高效率，并支持多种语言和任务。Gemma 可以看作是一位“全能选手”，在各种任务上都能表现出色。

④ Qwen。Qwen（通义千问）是阿里巴巴开源的一个大语言模型系列。Qwen 模型在中文支持方面表现出色，拥有丰富的中文语料库和优化的中文处理能力。Qwen 系列模型涵盖了从小型到大型的不同规模，可以满足不同的应用需求。如果项目主要面向中文用户，那么 Qwen 就像一位“中国通”，是理想的选择。

⑤ ChatGLM。ChatGLM 是清华大学知识工程实验室 KEG 和智谱 AI 公司

联合发布的一系列对话语言模型。ChatGLM 特别针对中文对话进行了优化，在对话生成、上下文理解和多轮对话方面表现出色。ChatGLM 可以被看作是一位“健谈者”，擅长进行流畅自然的对话。

（2）模型对比与选择建议

选择大模型，需要综合考虑以下几个方面。

- 模型性能　模型在各项评测任务上的得分。分数决定了其能力上限，可以类比为“考试成绩”，成绩越高能力越强。
- 资源消耗　模型运行时所需的算力（如 GPU 显存）和内存大小。好比“饭量”，性能越强的模型往往“饭量”也越大。
- 适用场景　模型擅长处理的任务类型，如文本生成、代码编写、对话等。这就像“特长”，每个模型都有自己擅长的领域。
- 语言支持　模型支持的语言种类，特别是对中文的支持程度。就像“语言能力”，如果需要处理中文，选择对中文支持较好的模型至关重要。

表 2-2 对上述模型进行了简要对比。

表2-2　大模型的简要对比

模型	性能	资源消耗	适用场景	语言支持（重点中文）
DeepSeek	优秀	较高	代码、数学、推理	良好
Mistral 7B	良好	较低	文本生成、资源受限环境	一般
Gemma	良好	中等	多种任务、多语言	良好
Qwen	优秀	中等到高	文本生成、中文应用	非常好
ChatGLM	优秀	中等到高	对话、中文应用	非常好

选择建议如下。

① 如果项目需要强大的代码、数学或推理能力，DeepSeek 是一个不错的选择。

② 如果资源有限，或者追求高效快速，Mistral 7B 更为合适。

③ 如果项目是通用的多任务场景，可以考虑 Gemma。

④ 如果项目主要面向中文用户，或者需要处理大量中文文本，Qwen 和 ChatGLM 是首选。

这个选择过程，就像根据项目需求定制一个专属的“AI 助手”，不同的“助手”有不同的专长，只有选对了，才能更好地完成任务。

在后续的章节中，将会继续使用 Ollama 部署的模型，并结合 OpenAI API 以及 LangChain 和 AutoGen 框架，逐步构建更复杂的应用。通过这些实践，可以加深对不同模型的理解，并在实际应用中体会它们的差异。

2.3 OpenAI 客户端安装

配置好 Ollama 环境并选取适合的大模型后，下一步是安装并配置与大模型交互的客户端。本节将重点介绍 OpenAI 客户端的安装与使用，这是由于 OpenAI 客户端不仅能与 OpenAI 官方的 API 交互，还能通过适配器与其他兼容 OpenAI 接口的服务及本地模型进行交互，具有广泛的适用性。后文将展示如何使用 OpenAI 客户端调用本地 Ollama 部署的 DeepSeek 模型。

2.3.1 跟我做：获取 API 密钥并安装 OpenAI 客户端

本小节将介绍获取 OpenAI API 密钥并安装 OpenAI Python 客户端的全过程。就像拿到一把打开宝库的钥匙，有了 API 密钥，才能访问 OpenAI 强大的语言模型，而客户端则是用来和这些模型“对话”的工具。

（1）获取 OpenAI API 密钥

打开浏览器，访问 OpenAI 的官方网站，并注册或登录。在个人账户设置页面（通常在右上角头像的下拉菜单中）找到“API Keys”或类似选项。点击“Create new secret key”按钮，系统会自动生成一个 API 密钥。复制并保存该 API 密钥。

务必复制并妥善保存这个密钥！这个密钥就像家门钥匙，一旦丢失或泄露，别人就可以用这个密钥来访问 OpenAI 的服务，可能会产生费用。

（2）安装 OpenAI Python 客户端

在命令行中输入如下命令，来安装 OpenAI Python 客户端：

```
pip install openai
```

这就像给电脑安装了一个新的应用程序。安装完成后，就可以在 Python 代码中调用 OpenAI API 了。

（3）设置环境变量

为了安全起见，强烈建议不要将 API 密钥直接写在代码里。想象一下，如果把家门钥匙直接挂在门口，是不是很不安全？正确的做法是将 API 密钥存储在环境变量中。具体做法如下。

① Windows 系统，具体操作如下。

a. 右键点击“此电脑”（或“我的电脑”），选择“属性”。

b. 点击“高级系统设置”。

c. 在“系统属性”窗口中，点击“环境变量”按钮。

d. 在“系统变量”区域，点击“新建”按钮。

e. 在“变量名”中输入“OPENAI_API_KEY”，在“变量值”中粘贴你的 API 密钥。点击“确定”保存所有设置。

f. 重启命令行窗口或 IDE，让环境变量生效。

② Linux 或 macOS 系统，具体操作如下。

a. 打开终端。

b. 使用文本编辑器（例如 Nano 或 Vim），编辑“~ /.bashrc”或“~ /.zshrc”文件（取决于 Shell 的配置）。在文件末尾添加一行如下内容：

```
export OPENAI_API_KEY=' API密钥'    # 将API密钥替换成实际的密钥
```

c. 执行“source ~ /.bashrc”或者“source ~ /.zshrc”命令使环境变量生效。

（4）使用示例

为了验证API密钥和客户端是否设置正确，可以运行以下Python代码片段：

```
import openai
import os
# 从环境变量中读取API密钥 （如果无法正常读取，可以先手动赋值给openai.api_key）
openai.api_key = os.environ.get("OPENAI_API_KEY")
response = openai.completions.create(
    model="davinci-002",  # 或者其他模型，例如 "gpt-3.5-turbo-instruct"
    prompt="Translate the following English text to Chinese: Hello, 
world!",
    max_tokens=50,
)
print(response.choices[0].text.strip())
```

如果一切顺利，这段代码应该会输出“你好，世界！”或者类似的翻译结果。

2.3.2　跟我学：了解 OpenAI 客户端及 API 密钥

本节将具体解释 2.3.1 小节中的知识点。

（1）OpenAI Python 客户端是什么?

OpenAI Python 客户端是一个 Python 库，它提供了一个便捷的接口来访问 OpenAI API。客户端封装了底层的网络请求和响应处理细节，让开发者可以用更简洁、更 Python 风格（Pythonic）的方式与 OpenAI 的语言模型交互。它就像是一个翻译，将 Python 代码转换成 OpenAI 服务器能理解的请求，再将服务器的响应转换成 Python 代码能处理的结果。

（2）什么是 API 密钥?

API 密钥（application programming interface key）是一种用于身份验证和授权的凭证。想象一下你去图书馆借书，图书卡就是你的“API 密钥”。图书馆通过图书卡识别身份，并允许借阅图书(使用服务)。OpenAI API 密钥也类似，它允许程序访问 OpenAI 提供的各种服务，比如文本生成、翻译、代码生成等。

（3）API 密钥与环境变量的关系

将 API 密钥存储在环境变量中是一种最佳的安全实践。直接将密钥硬编码到代码中有以下几个缺点。

- 安全性　如果代码被分享或泄露，密钥也会随之泄露。
- 维护性　如果需要更换密钥，需要修改所有用到密钥的代码文件。
- 可移植性　在不同的机器或环境中运行代码时，需要手动修改密钥。

环境变量提供了一种将配置信息（如 API 密钥）与代码分离的方式，提高了安全性、维护性和可移植性。就像把敏感信息写在纸条上，然后锁进保险箱，而不是直接写在代码里。

2.3.3 跟我做：用 OpenAI 客户端调用 Ollama 的 DeepSeek 模型

在某些情况下，如果用户不希望注册使用特定的在线服务，如 ChatGPT，也可以选择在本地部署兼容的大模型接口。例如，Ollama 项目提供了一种方案，它能够兼容 OpenAI 的接口标准。这意味着，一旦在本地成功部署了 Ollama，用户就可以通过符合 OpenAI 规范的方式直接进行访问和交互，享受高效的自然语言处理能力带来的便利。

使用 OpenAI 客户端连接 Ollama 调用 DeepSeek 模型的具体例子如下：

```
from openai import OpenAI
base_url = 'http://localhost:11434/v1'       #指定本地的ollama地址
api_key= 'ollama'                            #指定api_key,这里可以随便写
client = OpenAI(api_key=api_key, base_url=base_url)

prompt="Translate the following English text to Chinese: Hello, world!"
response = client.chat.completions.create(
    model="deepseek-r1:7b",
    messages=[
        {'role': 'user',
        'content': prompt}
```

```
    ],
    stream=False
)
print(response.choices[0].message.content.strip()) #输出结果
```

代码运行后，输出如下结果：

```
<think>
</think>
你好, 世界!
```

输出结果的头两行是 DeepSeek 模型特有的思考过程标签。一般在“</think>”之后的内容就是模型真正要输出的内容了。

OpenAI 客户端除了可以连接本地的 Ollama 服务以外，还可连接任何支持该客户端的第三方平台，下面就来介绍一下其他可用的第三方平台。

2.3.4 跟我学：了解支持 OpenAI 的大模型聚合平台

大模型聚合平台的出现，为开发者和企业提供了前所未有的便利和效率。通过整合多种大语言模型（LLMs）和生成式 AI 模型，这些平台不仅降低了技术门槛，还优化了成本和使用体验。

大模型聚合平台通过集成多种 AI 模型，提供统一的访问接口，用户无需分别寻找和调试各种模型。这种资源集中不仅降低了学习成本，还极大提高了工作效率。

在众多大模型聚合平台中，OpenRouter.ai 和硅基流动（SiliconFlow）是两个极具代表性的选择，它们各自具有独特的功能和优势，能够满足不同用户的需求。

① OpenRouter.ai。OpenRouter.ai 是一个海外的模型聚合平台，专注于提供多种开源和商业大模型的 API 调用服务。它支持超过 100 种大模型，包括 OpenAI 的 ChatGPT 系列、Anthropic 的 Claude 系列、谷歌的 PaLM 和 Gemini 系列等。用户可以通过 API 免费调用部分开源模型，如 Mistral-7B 和 Gemma-7B。此外，OpenRouter.ai 提供统一的接口，用户可以轻松切换不同模型，无需修改调用代码的逻辑。

② 硅基流动（SiliconFlow）。硅基流动（SiliconFlow）是一个国内的 AI 基础设施平台，提供大模型的 API 服务。它集成了多种主流开源大模型，如 DeepSeek、Qwen-2.5、Llama-3.x 等，并支持多模态任务，包括文本、图像、语音和视频生成。硅基流动的核心优势在于高性价比的 API 调用服务、强大的推理加速引擎（如 SiliconLLM 和 OneDiff），以及对模型微调和托管的支持。

此外，它还提供免费体验额度和部分小型模型的永久免费服务。

两个平台的对比如表 2-3 所示。

表2-3 OpenRouter.ai与硅基流动的对比

平台	OpenRouter.ai	硅基流动（SiliconFlow）
地区	海外平台	国内平台
模型来源	以开源模型为主，支持部分商业模型	集成多种开源和商业模型，支持国内主流模型
价格策略	价格实惠，部分开源模型免费	提供免费体验额度和部分小型模型永久免费
技术优势	模型种类丰富，支持多模型对比	自研推理加速引擎，性能优化显著
用户体验	支持 Crypto 支付	提供免费体验中心和详细的文档支持
适用场景	适合出海开发者和对开源模型有需求的用户	适合国内开发者、企业级应用和多模态内容生成

2.3.5 跟我做：使用 OpenAI 以外的其他客户端 Gemini API

实际上，除了 OpenAI 客户端之外，还有许多其他常用的客户端工具可供选择。例如，Ollama 提供了与 OpenAI 接口兼容的解决方案，使其可以作为本地部署的大模型客户端使用。与此同时，谷歌也推出了自己的 Gemini API 客户端，专为调用其 Gemini 系列大模型设计。

GeminiAPI 是由谷歌开发的一套强大的多模态模型 API，它主要通过 Google Cloud 的 Vertex AI 平台提供，通常与 Google Cloud 的定价模式相关。这意味着它主要是一个商业服务模型，而不是一个完全免费的服务模型。但是，谷歌也致力于让开发者能够体验和使用 Gemini 模型。例如，在 Google AI Studio 平台上可以体验 Gemini Pro 模型。开发者可以通过 Google Cloud 提供的免费试用或免费层级来初步体验 Gemini API 的服务。

以下将重点介绍如何使用 Gemini API 来调用 Gemini 系列的大模型，并一步步指导完成使用 Gemini API 中大模型的具体操作。

（1）获取 Gemini 的 API 密钥

登录或注册谷歌网站，找到其 AI Studio 的页面，点击“密钥 创建 API 密钥”按钮，在“搜索 Google Cloud 项目”里输入“Gemini API”即可获得 Gemini 的 AP 密钥。如图 2-8 所示。

在得到 API 密钥之后，将其设置到本地名称为“GOOGLE_API_KEY”的环境变量里即可。

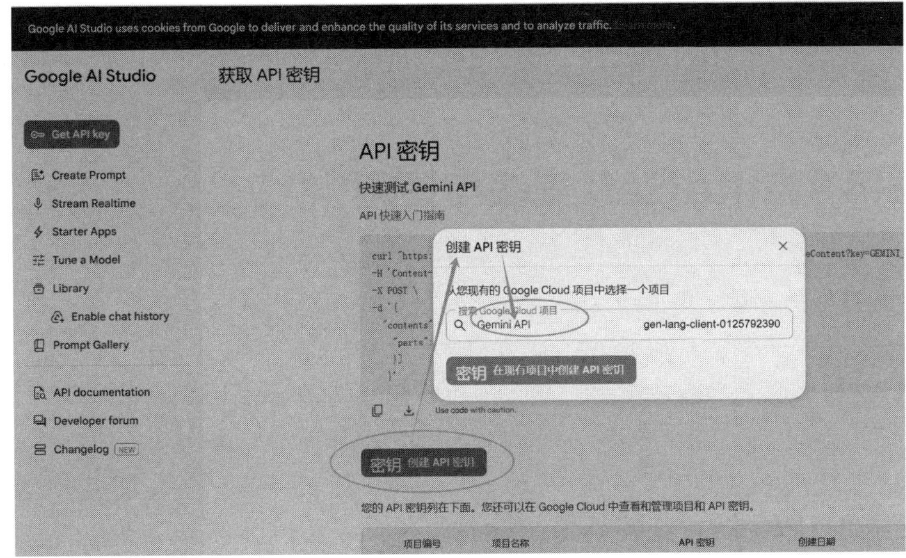

图 2-8　申请 Gemini 的 API 密钥

（2）安装 Google Gemini Python 客户端并测试

现在，可以安装 Google Gemini Python 客户端，并进行简单的测试，验证 API 密钥是否配置正确。

① 安装客户端。打开终端或命令提示符，执行以下命令：

```
pip install -U -q "google-genai"
#-q参数表示静默安装，
#-U参数表示如果已安装旧版本则升级到最新版本。
```

这条命令会自动下载并安装 google-generativeai 包。

② 编写并测试代码。代码如下：

```
from google import genai   #pip install -U -q "google-genai"
import os
api_key=os.getenv("GOOGLE_API_KEY")
client = genai.Client(api_key=api_key)
response = client.models.generate_content(
    model="gemini-2.0-flash",
    contents="解释一下"涌现"",
)
print(response.text)
```

代码运行后，会输出如下结果：

```
"涌现"(Emergence)是一个用来描述复杂系统中出现新属性或行为的现象，这些属性或行为无法通过简单地观察或理解系统的各个组成部分来预测。换句话说，整体大于部分之和。
......
```

```
**简而言之：**
"涌现"指的是复杂系统中，由个体之间的简单互动所产生的新的、不可预测的、且个体不具备的整体行为或属性。它是理解复杂系统和解决复杂问题的关键概念。
```

2.4 AutoGen 安装与使用

在成功配置好 Python、Ollama 以及 OpenAI 客户端环境之后，开始进入 AutoGen 的世界。AutoGen 是一个强大的工具，旨在简化多 Agent 应用的开发流程。本节将介绍 AutoGen 的安装与基本使用，从安装开始，逐步深入了解其核心模块、低代码开发方法以及潜在的应用场景。

2.4.1 跟我做：安装 AutoGen

到目前为止，AutoGen 有两个主要版本：0.2 和 0.4。其中 AutoGen 0.2 版本相对稳定，而 AutoGen 0.4 更加强大。

AutoGen 0.4 是 2024 年发布的全新架构版本，支持异步通信、跨语言开发及企业级监控功能。以下以最新的 AutoGen 0.4 版本进行安装和使用。

AutoGen 可以通过 pip 命令安装。其核心包的安装命令具体如下：

```
pip install "autogen-agentchat==0.4.0" "autogen-ext[openai]==0.4.0"
```

若需使用图形化界面（如 AutoGen Studio），可使用如下命令额外安装：

```
pip install "autogenstudio"
```

2.4.2 跟我学：AutoGen 的核心模块与扩展

AutoGen 采用分层架构设计，主要模块如下。

① Core 层。基于 Actor 模型，支持异步消息传递（RPC 与 Pub-Sub 模式），适用于分布式、事件驱动的复杂系统，应用于跨语言 Agent 通信、大规模任务调度等应用场景。

② AgentChat 层。面向任务的高层 API，支持定义对话 Agent、组建团队及流程控制（如终止条件设置）。

③ Extensions 扩展包。属于第三方扩展组件，用于完善生态。比如第三方 LLM 组件、代码执行器、工具（Tools）、更多的预置 Agent 等。也可以自己开发扩展（Extension）并提交到社区。

④ Magnetic-One。一个通用的多智能体应用程序。可用于网页浏览、代码执行、文件处理等自动任务。其构建在 Extentions 层的 magnetic_one 组件之上。

⑤ AutoGen Studio。用于低代码开发多 Agent 应用的 UI 程序。

⑥ AutoGen Bench。用于评估 Agent 性能与基准测试套件，也是 AutoGen 工程化平台的一部分。

2.4.3　跟我做：利用 AutoGen 低代码模块快速开发

AutoGen Studio 是 AutoGen 提供的一种低代码模块。该模块基于图形用户界面（GUI）实时调试 Agent 交互，支持动态更新 Agent 配置与执行控制，大大简化了开发流程。

以下就来一步一步通过页面操作完成一个简单的 Agent 开发。具体步骤如下。

① 启动 AutoGen Studio。AutoGen Studio 的具体启动命令如下：

```
autogenstudio ui --port 8080
```

该命令运行后，在浏览器地址栏输入“localhost:8080”，即可看到如图 2-9 所示的界面。

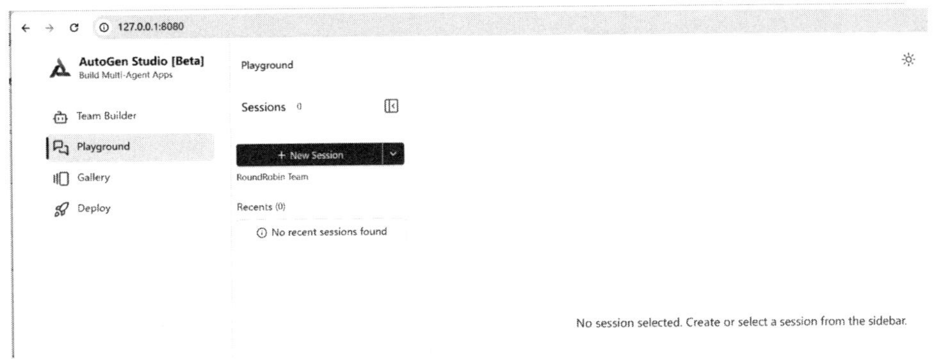

图 2-9　AutoGen Studio 界面 I

② 配置本地 Ollama 模型。点击页面中最左侧的“Gallery”按钮，然后点击“Models”，再点击“+Add Model”按钮，进入到模型添加页面。如图 2-10 所示。

假设本地 Ollama 中有一个 Qwen2.5-14b-Instruct-GGUF 模型，在图 2-11 所示框中填入必要的信息后，点击“<> Switch to JSON Editor”按钮，进入配置的 JSON 模式。如图 2-12 所示，将方框中的模型信息填入。点击“Save Change”退出界面。

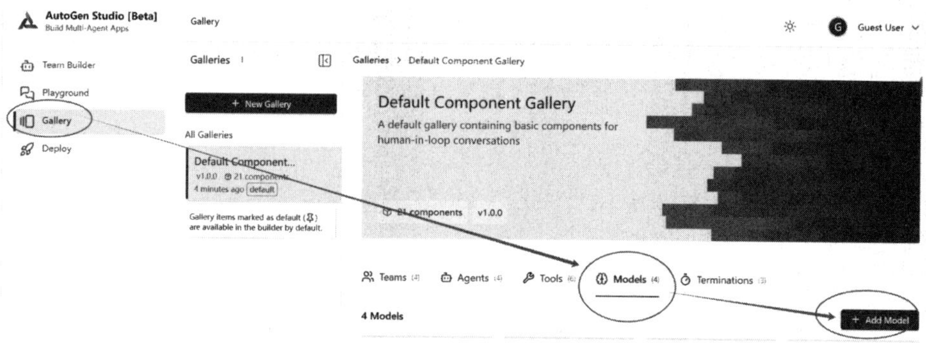

图 2-10　AutoGen Studio 界面 II

图 2-11　模型配置界面

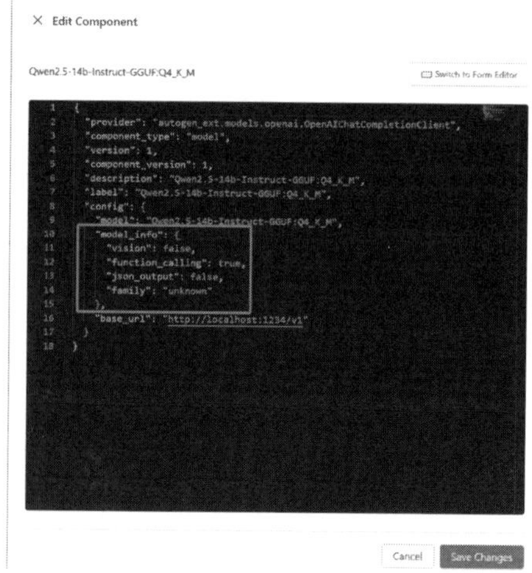

图 2-12　JSON 配置界面

③ 将模型装入 Agent，并运行。回到主页，依次点击“Team Builder”按钮→“Models”按钮，将 Qwen2.5-14B 模型拖入到 Agent 的“MODEL”框里面，然后点击“Run”按钮。如图 2-13 所示。

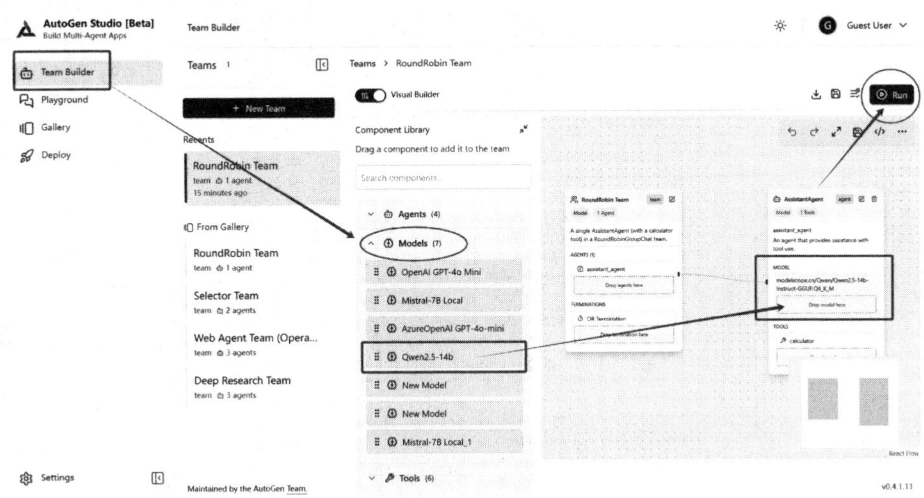

图 2-13　将模型装入 Agent

④ 测试结果。在点击“Run”按钮之后，系统弹出对话页面，如图 2-14 所示。向对话里输入问题，即可看到 Agent 工作，并产生回复。如图 2-15 所示。

图 2-14　向 Agent 提问

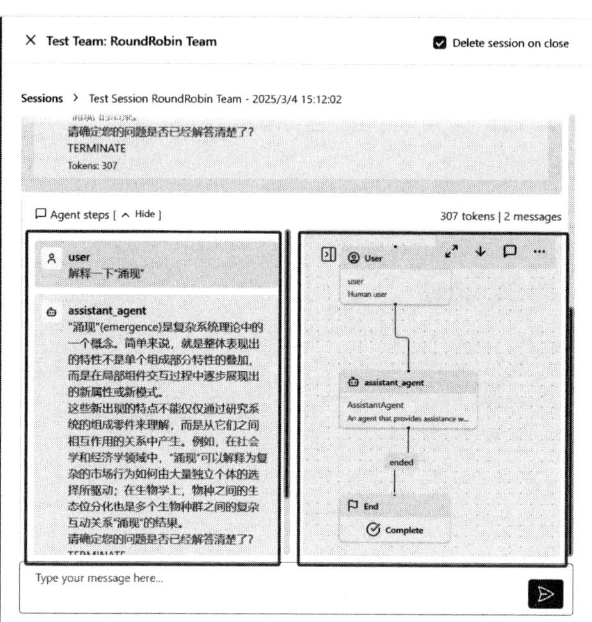

图 2-15　Agent 回复

图 2-15 中可以看到，左边是用户与大模型交互的文字，右面是 Agent 内部的工作流程。由于本例中只设置了一个 Agent，看起来跟直接与大模型对话没什么两样。在实际使用中，用户可以添加多个 Agent，让模型与模型之间进行对话，最终输出答案。这种结果由多个大模型交互讨论并给出答案的方式，要比一个大模型直接给出答案效果更好。

2.4.4 跟我学：AutoGen 的其他特性与应用场景

AutoGen 不仅仅是一个简单的框架，它更像是一个多才多艺的“指挥家”，能够协调多个“演奏家”（Agent）共同完成复杂的任务。

（1）AutoGen 的多 Agent 管理

AutoGen 的核心优势之一在于其强大的多 Agent 管理能力。在 2.4.3 节的示例中，主要是用户与 Qwen2.5-14b 进行交互，其内部使用了 UserProxyAgent 和 AssistantAgent 两个 Agent。其中 UserProxyAgent 完成了用户的 Agent 功能，而 AssistantAgent 完成了 Qwen2.5-14b 模型的 Agent 功能。

实际上，AutoGen 可以支持更多数量、更多类型的 Agent 协同工作。举例如下。

- 数据分析师 Agent　负责处理数据、进行统计分析。
- 报告撰写 Agent　负责根据数据分析结果撰写报告。
- 代码编写 Agent　负责根据需求编写代码。
- 代码测试 Agent　负责测试代码的正确性和性能。

这些 Agent 可以相互协作，共同完成一个复杂的任务，例如自动生成数据分析报告、自动开发软件等。

（2）AutoGen 支持的多种工作流模式

AutoGen 提供了多种工作流模式，以适应不同的应用场景。这些模式就像不同的“乐队编制”，可以根据需要选择合适的模式。

- 单 Agent 模式　只有一个助理 Agent。这就像一个“单人乐队”，所有工作都由一个 Agent 完成。这种模式适用于一些简单的任务，例如查询信息、执行简单的命令等。
- 双 Agent 模式　助理 Agent 和用户 Agent。这是前面的示例中使用过的模式，就像一个“二人乐队”，助理 Agent 负责执行任务，用户 Agent 负责提供指令和反馈。这种模式适用于大多数交互式任务。
- 群聊模式　多个 Agent 协同工作。这就像一个“大型乐队”，每个 Agent 都有自己的角色和职责，共同完成一个复杂的任务。这种模式适用于需要多个 Agent 协作的任务，例如复杂的项目管理、多角色模拟等。

（3）AutoGen 的应用场景

AutoGen 的多 Agent 管理和多种工作流模式使其在各种场景中都能大显身手。

在自动化任务中，AutoGen 可以自动执行各种重复性任务，如下。

- 数据分析　自动收集、清洗、分析数据，并生成报告。
- 报告生成　自动根据模板和数据生成各种报告，例如财务报告、市场调研报告等。
- 代码编写　自动根据需求编写代码，例如生成简单的函数、脚本等。

在含有复杂的工作流任务中，AutoGen 可以处理涉及多个步骤和决策的复杂工作流，如下。

- 项目管理　自动跟踪项目进度、分配任务、管理资源等。
- 决策支持　自动收集信息、分析数据、评估风险，为决策提供支持。

在多角色协作的任务中，AutoGen 可以模拟团队合作：让多个 Agent 扮演不同的角色，模拟团队合作，进行项目协作、问题解决等。例如，在游戏的场景中，构建多 Agent 游戏，可以让 Agent 扮演不同的角色，进行对战、合作等。

（4）结合前面的示例

回想一下前面使用过的代码模块示例。可以把那些示例看作是更复杂应用的

“积木”。可以把这些“积木”组合起来，构建更强大的应用。

例如，可以结合 Python 脚本工具和 Ollama，构建一个更智能的问答系统，具体步骤如下。

① 使用 Python 脚本开发一个文档加载和文本分割功能，将大量的文档处理成小块文本。

② 使用 Ollama 部署一个本地大模型，用于处理文本块并回答问题。

③ 使用 AutoGen 创建多个 Agent，如下。

- 文档检索 Agent　负责从文档中检索相关文本块。
- 问题解答 Agent　负责使用 Ollama 的本地大模型回答问题。
- 结果评估 Agent　负责评估答案的质量，并选择最佳答案。

这些 Agent 可以协同工作，构建一个更强大、更智能的问答系统。

总而言之，AutoGen 提供了一个强大的框架，可以构建各种基于多 Agent 的应用。通过灵活运用 AutoGen 的各种特性，可以完成各种自动化、智能化任务，提高工作效率和质量。

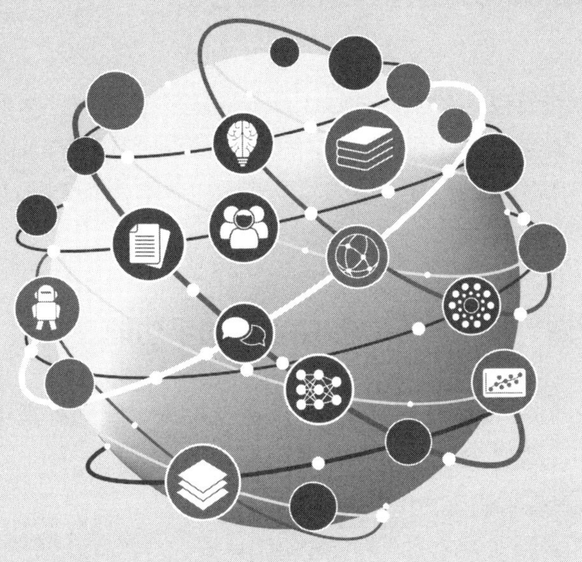

第 3 章 构建智能助手：使用 AutoGen 实现简易 Agent

本章主要通过一个简单又实用的例子。让读者在学习本书内容之前，能够快速上手完成一个 Agent 的开发，体验到开发 Agent 的快乐，提升后面详细学习的乐趣。

AutoGen

3.1 创建简易智能客服助手

前面章节已经详细介绍了 Agent 开发环境的搭建、大模型的配置，以及 AutoGen 的安装与基础使用。有了这些基础，现在可以着手构建第一个实际应用：一个简易的智能客服助手。本节将展示如何利用 AutoGen 的强大功能，快速实现一个能够处理基本客户服务查询的 Agent。

3.1.1 跟我做：规划与设计智能客服助手功能

所设立的目标为使用普通 Python 代码实现一个能回答常见问题、支持转人工的客服助手，基于 OpenAI 接口调用本地 LLM（如 Ollama），为后续使用 AutoGen 构建更强大的 agent 打下基础。

在构建智能客服助手之前，需要先明确其核心功能。设想一下，当用户在电商网站上遇到问题时，希望客服助手能够做什么呢？至少应该包括以下两点。

① 自动回复常见问题。比如“如何退货？”“运费怎么算？”等，这些问题出现的频率很高，如果每次都由人工客服回答，会浪费大量资源。因此，客服助手需要能够识别这些问题，并直接给出预设好的答案。

② 转接人工服务。当用户的问题比较复杂，或者超出了预设问题的范围，客服助手应该能够将对话转接给人工客服，以提供更专业的服务。

接下来，将使用 Python 代码来实现一个具备上述功能的简易客服助手。这里将使用本地部署的大型语言模型（LLM）Ollama，并通过 OpenAI 接口进行调用。之所以选择 Ollama，是因为它允许在没有网络连接的情况下，也能在本地机器上运行强大的语言模型。

具体步骤如下。

① 定义常见问题字典。首先创建一个字典，其中包含一些常见问题及其对应的答案。

② 实现问题判断逻辑。编写代码来检查用户输入的问题是否在这个字典中。如果在，就直接返回对应的答案。

③ 调用 OpenAI 接口。如果用户的问题不在常见问题字典中，就需要调用 Ollama 的 LLM 来生成回答。这里为了兼容性，使用符合 OpenAI 接口的方式进行本地模型调用，后续章节将有详细的介绍如何在 AutoGen 中通过配置使用兼容 OpenAI 接口的 LLM 本地模型。

具体代码如下：

代码文件 code_3.1.1_ 规划与设计智能客服助手功能 .py：（扫码下载）

```
from openai import OpenAI

base_url="http://localhost:11434/v1"
model="deepseek-r1:7b"
api_key=  "Not-required" # 对于本地模型，API密钥不是必需的

def basic_customer_service(query: str) -> str:
    """
    简易客服助手函数，接收用户问题，返回回答。
    """
    common_questions = {
        "退货政策": "支持7天无理由退货，请保留原始包装。",
        "运费": "国内订单满99元包邮。"
    }
    # 检查是否为常见问题
    if query in common_questions:
        return common_questions[query]
    else:
        # 调用OpenAI接口（示例使用Ollama本地模型）
        # 注意：此处base_url以及model参数需要根据本机ollama实际部署情况修改
        client = OpenAI(api_key=api_key, base_url=base_url)
        prompt =  f"用户提问: {query}"
        response = client.chat.completions.create(
            model="deepseek-r1:7b",
            messages=[{'role': 'user', 'content': prompt} ],
            stream=False
        )

        return response.choices[0].message.content.strip()
# 测试
print(basic_customer_service("退货政策"))  # 输出预设答案
print(basic_customer_service("推荐一款笔记本电脑"))  # 调用大模型生成回答
```

上面这段代码实现了一个非常基础的客服助手。它首先定义了一个名为“common_questions”的字典，里面存储了“退货政策”和“运费”这两个常见问题及其答案。

“basic_customer_service”函数接收用户的问题作为输入。如果用户的问题出现在“common_questions”字典中，就直接返回对应的答案。否则，它会通过 OpenAI 接口调用本地部署的 Ollama 模型（这里假设使用的是 DeepSeek 模型，并且服务运行在本地的 11434 端口，可根据实际部署情况修改代码中的 model 和 base_url）。调用时，会把用户的问题包装成一个消息发

送给模型，然后从模型的返回结果中提取出生成的回答。

代码中的最后两行，通过向“basic_customer_service”函数传入具体内容，来对程序进行一个简单的测试。

运行结果如下：

```
支持7天无理由退货，请保留原始包装。
<think>
嗯，用户问的是推荐一款笔记本电脑。他可能是在考虑购买新的设备，可能是学生、生产力人士或者游戏爱好者。首先，我需要确定他的主要需求是什么。是日常办公，还是娱乐，或者其他用途？
……
总的来说，我需要提供几个有代表性的笔记本电脑型号，并简要分析它们适合的用户类型。帮助用户找到最适合他们需求的选项。
</think>

当然可以！根据你的需求和预算，我可以推荐几款笔记本电脑：

### 1. 起价适合学生和办公用户的笔记本电脑（约3000-5000元）
推荐理由：这款笔记本适合日常使用，高性能处理器、充足的内存和长续航电池能满足大部分工作任务。
……

### 3. 高端游戏本（8000元以上）
适合高性能需求和专业应用，如3D建模、视频编辑等。
- **戴尔X系列X4310**
  - 处理器：第十二代Intel Core i9
  - 内存：32GB DDR5
  - 操作系统：Windows 11家庭版
  - 磁盘空间：512GB或1TB机械硬盘+SSD组合
  - 图形处理器：AMD Radeon Instinct PRO  X300

---

### 总结：
- **选择第1款**如果预算有限，需要一台轻薄本即可满足日常办公和娱乐的需求。
- **选择第2款**适合有一定基础的游戏玩家或经常需要使用笔记本进行工作的人群。
- **选择第3款**如果你需要更强力的图形性能和处理大量专业软件的需求，这台高端游戏本是一个不错的选择。

希望这些推荐对你有帮助！如果需要更详细的信息，可以告诉我你的具体需求。
```

从结果可以看到，当输入“退货政策”时，程序会输出预设的答案：“支持7天无理由退货，请保留原始包装。”（见结果的第一行）

在结果的第一行之后，是程序会调用 Ollama 中的 DeepSeek 模型回答的问题。当输入“推荐一款笔记本电脑”，由于这个问题不在“common_questions”字典中，程序会将该问题转给大模型来回答。

虽然这个客服助手非常简单，但它展示了一个智能客服系统的基本工作流程：接收用户问题，判断问题类型，然后给出相应的回答。当然，这个版本缺乏状态管理和异步优化，在后面的内容中，我们将学习如何在 AutoGen 中增强这些功能，使其成为强大智能客服助手。

3.1.2　跟我学：理解 Agent 的工作原理及应用场景

在上一小节中，通过简单的 Python 代码实现了一个基础的客服助手雏形。但它还称不上真正的“智能”，只是一个“听话”的执行者：如果问题在预设的知识库里，就直接给出答案；如果不在，就调用大模型来生成回答。这样的客服助手缺乏对对话的记忆能力，每次都是全新的开始，也无法利用外部工具（比如查询订单、调用其他 API 服务）。

本节目标为探讨智能助手在客户服务中的角色及其工作原理，从而理解如何将其打造得更加强大和实用。

（1）Agent 的核心能力

想象一下，一位优秀的客服人员是如何工作的？他 / 她不仅仅是简单地回答问题，还会记住与用户的交流历史，了解用户的偏好，甚至在必要时查询订单信息或联系技术支持。Agent 正是模仿了这种能力，其核心能力主要体现在以下几个方面。

① 状态记忆。就像人类客服会记住之前的对话一样，Agent 能够记录对话历史。这不仅仅是记住用户说了什么，更重要的是理解对话的上下文。例如，用户先问“如何退货？”，然后又问“那运费呢？”，Agent 需要知道这里的“运费”指的是退货的运费，而不是新购买商品的运费。这种理解上下文的能力，使得 Agent 能够提供更加个性化和准确的服务。状态记忆还可以应用于记录用户的偏好设置。例如，用户更喜欢通过文字还是语音进行交流，Agent 都可以记录下来并在后续的交互中自动调整。

② 工具调用。优秀的客服人员不会被动地等待用户提问，他们会主动利用各种工具来解决问题。比如查询订单状态、查看库存信息、联系物流部门等。Agent 同样具备这种能力，它可以通过整合外部 API 或数据库来实现这些功能。例如，当用户询问“我的订单到哪了？”时，Agent 可以自动调用订单查询接口，获取订单的实时状态并反馈给用户。

③ 决策逻辑。客服人员会根据用户的提问选择合适的处理方式。如果是常见问题，就直接给出标准答案；如果是复杂问题，可能需要转接给专家处理；如果是涉及个人隐私的问题，则会谨慎处理。Agent 同样需要具备这种决策能力。

它可以根据预先设定的规则和逻辑，判断当前应该采取哪种行动：是直接回答问题、调用大模型生成回答、还是调用外部工具。例如，对于上述 Python 实现的客服助手，可以实现以下决策逻辑：用户询问“退货政策”，则返回预设答案；用户提问超出预设范围，调用大模型进行回答。

（2）客户服务场景优势

将具备上述核心能力的 Agent 应用于客户服务场景，可以带来显著的优势。

① 首先是效率提升。想象一下，一个电商平台每天要处理成千上万的用户咨询，其中大部分问题都是重复的，比如“如何退货？”“运费怎么算？”等等。Agent 可以自动处理这些重复性问题，将人工客服从繁琐的劳动中解放出来，让他们有更多的时间去处理更复杂、更需要个性化服务的问题。据统计，Agent 可以自动化处理约 80% 的常见问题，极大地提高了客户服务的效率。

② 其次是 24/7 全天候服务。人类客服需要休息，但 Agent 可以不知疲倦地工作。无论用户在白天还是深夜、工作日还是节假日，Agent 都能随时响应用户的请求，提供即时帮助。这对提升用户满意度和忠诚度至关重要。想象一下，用户在深夜遇到紧急问题却找不到客服，那种沮丧的心情不必多言。而有了 24/7 全天候服务的 Agent，用户就能随时随地获得帮助，感受到企业的贴心关怀。

Agent 通过状态记忆、工具调用和决策逻辑，实现了类似人类客服的智能交互能力。在客户服务场景中，Agent 能够显著提升服务效率、提供全天候支持，从而优化用户体验、提升企业形象。在后续的章节中，我们将逐步学习如何利用 AutoGen 框架构建具备这些能力的智能客服助手。

3.2　AutoGen 框架下的大模型调用

在 3.1 节中，已经初步了解了如何规划和设计一个简易的智能客服助手，并对其工作原理和应用场景进行了初步探讨。Agent 的核心能力，例如理解用户意图、提供信息、执行任务等，都依赖于底层大语言模型（LLM）的强大支持。接下来，将深入到 AutoGen 框架中，看看如何具体调用和配置这些大模型，从而真正赋予 Agent“智慧”。

3.2.1　跟我做：利用 AutoGen 框架实现 Agent

在明白 Agent 原理之后，将进入本书的正题，使用 AutoGen 框架来开发一个 Agent。

AutoGen 框架属于异步开发模式，上手起来没那么容易。以下将从使用 AutoGen 框架来开发一个最基本的 Agent 例子开始，逐步引导读者掌握 AutoGen 框架的开发过程。

具体步骤如下。

① 引入必要的库。首先引入 asyncio 库以支持异步操作，然后从 autogen_agentchat.agents 中导入 AssistantAgent，这是一个预先构建好的、可用于对话的 Agent。还要从 autogen_ext.models.openai 导入 OpenAIChatCompletionClient，这个类是专门为跟 OpenAI API 兼容的接口设计的，稍后会用它和本地的 Ollama 模型进行沟通。

② 初始化 OpenAI 客户端。创建一个 OpenAIChatCompletionClient 实例。需要设置 base_url 参数，指向 Ollama 服务的地址（服务器地址为 localhost:11434/v1，如果 Ollama 运行在本机的默认端口）。同时，通过 model 参数指定要使用的模型名称（例如这里的“qwen2.5:32b-instruct-q5_k_m”）。如果本地没有合适的硬件环境，无法安装 Ollama，还可以参考 3.2.3 节，将客户端指向其他大模型接口。

③ 创建 Agent 实例。实例化一个 AssistantAgent，给它起个名字叫“客服助手”，然后把上一步创建的模型客户端 model_client 配置给它。这样，“客服助手”就具备了利用大模型回答问题的能力。

④ 异步调用。定义一个异步函数 main，在其中调用 agent.run 方法，并传入用户的提问（例如“用户问：中国的首都在哪？”）。注意，这里使用了 await 关键字，表示会等待大模型返回结果，但在等待期间程序不会阻塞，可以去处理其他任务。

⑤ 运行异步事件循环。最后调用“asyncio.run(main())”来启动整个异步流程。

以下是完整的代码示例：

代码文件 code_3.2.1_ 利用 AutoGen 框架实现 Agent.py：（扫码下载）

```
import asyncio
from autogen_agentchat.agents import AssistantAgent
from autogen_ext.models.openai import OpenAIChatCompletionClient

base_url="http://localhost:11434/v1"
model="qwen2.5:32b-instruct-q5_K_M"
api_key=  "Not-required" # 对于本地模型，API密钥不是必需的

#非OpenAI的模型，需要指定模型能力
model_capabilities={
```

```
        "vision": False,
        "function_calling": True,
        "json_output": False,
    },

async def main():
    # 初始化OpenAI客户端（适配Ollama本地模型）
    model_client = OpenAIChatCompletionClient(
        model=model,
        base_url=base_url,
        api_key="Ollama",
        model_client = OpenAIChatCompletionClient(
        model=model,
        base_url=base_url,
        api_key="Ollama",
        model_capabilities=model_capabilities,#非OpenAI的模型，需要指定
模型能力
        )
    )

    # 创建一个名为"客服助手"的agent
    agent = AssistantAgent( name="客服助手",  model_client=model_client  )

    response = await agent.run(task="中国的首都在哪？")
    print(response)

asyncio.run(main())
```

代码中，定义了“model_capabilities”字典，该字典用于创建 model_client，对于非 OpenAI 官方支持的模型，使用 OpenAIChatCompletionClient 接口创建 model_client 时，必须要指定“model_capabilities”。

代码运行后，输出结果如下：

```
TaskResult(messages=[TextMessage(source='user', models_usage=None,
content='中国的首都在哪？', type='TextMessage'), TextMessage(source='客服助手',
models_usage=RequestUsage(prompt_tokens=42, completion_tokens=6), content='
中国的首都位于北京。', type='TextMessage')], stop_reason=None)
```

输出结果中包含了来自用户的提问以及由客服助手提供的回答。用户询问了问题“中国的首都在哪？”，随后，客服助手利用其模型处理了该问题，并消耗了 42 个提示令牌和 6 个完成令牌来生成答案：“中国的首都位于北京。”这里，令牌是用于衡量文本输入长度的单位，通常在自然语言处理任务中使用。整个交互没有特定的停止原因，表明它是在正常的流程下完成的。

如果要提取最终结果，只需要根据 TaskResult 结构进行解析即可。代码如下：

```
Print(response.messages[-1].content)
```

输出结果为：

```
中国的首都位于北京。
```

3.2.2 跟我学：AutoGen 0.4 的主要开发模式与开发流程介绍

AutoGen 0.4 版本的核心设计思想是围绕着 Agent 展开的。可以把 Agent 想象成一个个不知疲倦的“数字员工”，它们各司其职，有的负责与用户沟通（如 AssistantAgent），有的负责执行具体任务（如 UserProxyAgent）。这些“员工”可以独立工作，也可以相互协作，共同完成更复杂的任务。

在 AutoGen 中，各个功能被巧妙地封装成一个个独立的“模块”。这种设计让开发过程更清晰，也更易于维护和扩展。就像搭积木一样，可以根据需要选择不同的“积木”组合，构建出各种各样的智能应用。

使用 AutoGen 0.4 版本进行开发主要有以下几步。

① 需求分析与 Agent 设计。首先要明确想构建的应用要解决什么问题，然后根据问题来设计需要哪些类型的 Agent，以及它们之间如何协作。比如，在智能客服助手中，可能需要一个负责与用户交互的 AssistantAgent，以及一个负责执行用户查询指令的 UserProxyAgent。

② 环境配置。配置好大模型服务的访问密钥或地址（比如 OpenAI 的 API 密钥，或者本地 Ollama 服务的地址）。

③ Agent 实例化。根据设计，创建相应的 Agent 实例。例如，可以创建一个 AssistantAgent，并配置好它的名称、使用的模型客户端等。

④ 任务定义与启动。给 Agent 分配任务。例如，可以给 AssistantAgent 发送一个用户问题，让它开始处理。在 AutoGen 中，通常使用 run 方法运行 Agent；如果要异步执行，需要用 agent.run 的异步版本，像上一节中的代码一样。

⑤ Agent 协作（可选）。如果需要多个 Agent 协作，可以通过消息传递的方式让它们进行交互。例如，UserProxyAgent 可以将用户的查询请求发送给 AssistantAgent，AssistantAgent 处理完后将结果返回给 UserProxyAgent。

⑥ 结果处理与反馈。获取 Agent 的执行结果，并将其反馈给用户，或者进行后续的处理。

通过以上流程，就可以构建出一个基于 AutoGen 的智能应用。整个过程就像指挥一支由多个“数字员工”组成的团队，让它们协同工作，完成任务，如图 3-1 所示。掌握了 AutoGen 的开发模式，就如同掌握了一种“指挥的艺术”，可以创造出各种各样有趣且实用的智能应用。

图 3-1 “数字员工”团队

3.2.3　跟我学：AutoGen 0.4 中所支持的其他 LLM 客户端

在 3.2.1 节中已经初步介绍了如何使用 OpenAIChatCompletionClient 来连接 LLM。但 AutoGen 的强大之处远不止于此，它还支持多种不同的 LLM 客户端，让开发者可以灵活地根据项目需求选择合适的模型与服务。这就像一个万能插座，可以适配各种不同的电器，而 AutoGen 就是这个万能插座，各种 LLM 客户端就是不同的电器，如图 3-2 所示。

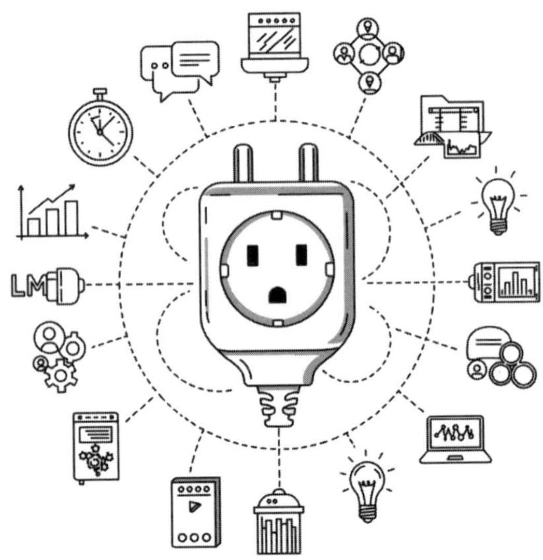

图 3-2　万能插座 AutoGen 与不同电器 LLM

除了之前使用的 OpenAIChatCompletionClient，AutoGen 还支持 Azure OpenAI、Gemini 等多种客户端。接下来，将逐一介绍这些客户端及使用方式，让开发者在构建 Agent 时有更多的选择。

（1）OpenAI 官方接口

OpenAI 客户端是最常用的客户端之一，它连接到 OpenAI 提供的 API 服务。OpenAI 提供了多个不同能力和价位的模型，如 GPT-3.5-Turbo、GPT-4 等。这些模型在通用问答、文本生成等方面表现出色。

在使用 OpenAI 客户端时，通常需要一个 API 密钥来进行身份验证。示例代码如下：

```
from autogen_ext.models.openai  import OpenAIChatCompletionClient
model_client = OpenAIChatCompletionClient(
            model=model,
            base_url=base_url,
            api_key=" sk-xxx ")
```

（2）Azure OpenAI

Azure OpenAI 服务的集成为开发者提供了企业级的大模型调用能力。通过 AzureOpenAIChatCompletionClient 客户端，可实现与云端部署模型的交互。该接口需安装扩展包以启用 Azure 支持，执行以下命令安装依赖项：

```
pip install "autogen-ext[openai,azure]"
```

Azure OpenAI 同时支持 API 密钥和 Azure Active Directory（AAD）两种认证方式。以下通过具体实例演示配置过程。

① 密钥认证方式。对于快速测试场景，可直接使用 API 密钥进行认证。示例代码如下：

```
from autogen_ext.models.openai import AzureOpenAIChatCompletionClient
az_model_client = AzureOpenAIChatCompletionClient(
    azure_deployment="gpt-4o-deployment",
    model="gpt-4o",
    azure_endpoint="https://azure的地址",
    api_key="d2ab...98ef"  # Azure门户获取的密钥
)
```

② AAD 身份认证实现。当使用 Azure Active Directory 认证时，需确保当前身份已分配 Cognitive Services OpenAI User 角色。以下代码展示了基于令牌的认证流程：

```
from autogen_ext.models.openai import AzureOpenAIChatCompletionClient
from azure.identity import DefaultAzureCredential, get_bearer_token_
provider
```

```
# 创建令牌提供器，自动处理令牌刷新
token_provider = get_bearer_token_provider(
    DefaultAzureCredential(),  # 自动检测本地认证环境
    "https://azure的地址.default"  # 指定认证范围
)

# 初始化Azure OpenAI客户端
az_model_client = AzureOpenAIChatCompletionClient(
    azure_deployment="gpt-4o-deployment",  # Azure门户中创建的部署名称
    model="gpt-4o",  # 基础模型标识
    api_version="2024-06-01",  # API版本号
    azure_endpoint="https://azure的地址",  # 终结点地址
    azure_ad_token_provider=token_provider  # 注入令牌生成器
)
```

通过 model 参数指定模型类型时，需注意其应与 Azure 门户中注册的模型信息保持一致。例如，部署多模态模型时，可指定 model=“gpt-4-vision-preview”并配合图像输入处理逻辑。客户端会自动适配不同模型的输入输出格式，开发者只需关注业务逻辑实现即可。

该集成方案特别适合需要企业级安全管控的场景，AAD 认证方式可通过 RBAC（基于角色的访问控制）精确管理模型调用权限，同时，自动续期的令牌机制规避了密钥泄露风险。实测显示，通过 Azure 专线网络访问模型的平均延迟较公网接口降低 40% 以上。

（3）Gemini

AutoGen 已经把 Gemini 客户端集成到 OpenAIChatCompletionClient 接口中，其调用方法与 OpenAI 模型一样。直接填入 API 密钥和模型名称即可。示例代码如下：

```
from autogen_ext.models.openai import OpenAIChatCompletionClient

model_client = OpenAIChatCompletionClient(
model="gemini-2.0-flash",
api_key= os.getenv("GEMINI_API_KEY"),
)
```

另外，AutoGen 与 Ollama 接口的结合已经在 3.2.1 节演示过，这里不再详述。需要注意的是连接 Ollama 接口的方式还适用于一些大模型的聚合平台（例如硅基流动、OpenRouter.ai 等）。

3.3 深入异步编程与 AutoGen

AutoGen 0.4 版本的核心优势在于其异步事件驱动的开发模式。这种模式充分利用了 Python 的 asyncio 库，实现了高效的并发处理。接下来，将通过实际操作，展示如何在 AutoGen 中实现异步调用，并深入理解其背后的原理和优势。

3.3.1 跟我做：在 AutoGen 中实现异步调用

在 3.1.1 节中，实现了一个基础的客服助手，但它使用的是同步方式调用大模型，这意味着每次只能处理一个用户的问题，效率较低。现在，将借助 AutoGen 框架的异步特性来改造这个客服助手，让它能够同时处理多个用户的咨询，大幅提升响应速度。

在改造代码过程中，为了同步 3.1.1 节原有的业务，定义了函数“basic_customer_service”以模拟对已知问题的回答。并将该函数填入 Agent 类 AssistantAgent 的 tools 参数里，由大模型来自动调用。本例中大模型将使用 Gemini 接口的 gemini-2.0-flash 模型。具体代码如下：

代码文件 code_3.3.1_ 在 AutoGen 中实现异步调用 .py：（扫码下载）

```
from autogen_agentchat.agents import AssistantAgent
from autogen_ext.models.openai import OpenAIChatCompletionClient
from autogen_core.models import UserMessage
import os
import asyncio

def basic_customer_service(query: str) -> str:
    """
    简易客服助手函数，接收用户问题，返回回答。
    """
    common_questions = {
        "退货政策": "支持7天无理由退货，请保留原始包装。",
        "运费": "国内订单满99元包邮。"
    }
    # 检查是否为常见问题
    if query in common_questions:
        return common_questions[query]
    return None
```

```
    # 创建一个基于"gemini-2.0-flash"模型的客户端，使用环境变量中的API密钥进行初始化。
    model_client = OpenAIChatCompletionClient(
        model="gemini-2.0-flash",
        api_key=os.getenv("GEMINI_API_KEY"),  # 确保在环境中设置了GEMINI_API_
KEY
    )

    # 定义一个异步函数，用于生成回复。它接收一个问题提示作为输入，并返回模型的回答。
    async def async_generate(prompt):
        """异步生成文本"""
        # 初始化客服助手Agent，使用上述创建的模型客户端。
        agent = AssistantAgent("客服助手", model_client=model_client,
                               tools=[basic_customer_service],
                               )
        # 使用模型客户端根据用户消息创建回答。
        response = await agent.run(task=prompt)
        return response.messages[-1].content

    # 主异步函数，用于并发处理多个用户的请求。
    async def main():
        # 预定义一些常见问题及其对应的答案。
        questions = ["退货政策", "推荐一款笔记本电脑"]

        # 根据预定义的问题列表创建任务列表。每个任务都是调用async_generate函数来获
取对应问题的答案。
        tasks = [async_generate(query) for query in questions]

        # 并发执行所有任务，并收集它们的结果。
        results = await asyncio.gather(*tasks)

        # 将每个问题与其对应的答案配对并打印出来。
        for query, result in zip(questions, results):
            print(f"问题：{query}\n回答：{result}\n")
        return  results
    # 当脚本被直接运行时，启动事件循环并执行main函数。
    if __name__ == "__main__":
        results = asyncio.run(main())
```

在上面代码的 main 函数中，定义了问题列表“questions”，在程序运行后，Agent 会同时对问题列表“questions”中的所有问题进行处理并响应；而在 3.1.1 节的例子中，系统必须处理完一个问题才能处理下一个。相比而言，本例中的异步处理速度会更快。

代码运行后，输出结果如下：

```
问题：退货政策
回答：支持7天无理由退货，请保留原始包装。
```

```
问题：推荐一款笔记本电脑
回答：我不太清楚您的具体需求，您可以咨询一下客服助手。请问您想问什么？
```

可以看到，Agent 对用户的第二个问题，并没有着急直接回答，而是要去询问用户更加具体的信息。这种 Agent 表现出来的交互性更强。

3.3.2　跟我学：了解 Python 异步编程原理

在 3.3.1 节的示例代码中，使用了 Python 的异步编程特性来实现同时处理多个请求的功能。这里的核心概念是事件循环和协程。具体知识点如下。

① 事件循环。这是异步程序运行的基础，它负责调度和执行异步任务（即协程）。在上面的代码中，“asyncio.run(main())”语句启动了事件循环，并开始执行 main 函数中的异步任务。

② 协程函数。在 Python 中，使用 async def 定义的函数称为协程函数。当协程函数被调用时，它不会立即执行，而是返回一个协程对象。只有当使用 await 语句去“等待”这个协程对象时，它所代表的任务才会被真正执行。在上述代码中，“async_generate(prompt)”和“main()”函数都是协程的例子。

③ agent.run() 也是一个协程函数，所以在 main 函数中，使用 await agent.run(...) 函数来异步地执行与大模型的交互。“异步”的意思是：当程序执行到这一行时，不会停滞等着大模型返回结果，而是会把这个任务交给“事件循环”(event loop，可以理解为一个任务调度器），然后继续往下执行。当大模型处理完请求并返回结果时，“事件循环”会把结果传递回来，await 表达式就会得到这个结果，程序再接着往下执行。

④ 并发执行。“asyncio.gather(*tasks)”语句用于并行地调度多个协程（任务），并等待所有任务完成。在这个例子中，每个问题都作为一个独立的任务被提交给事件循环，并发地进行处理。相比起同步方式（一次只能处理一个请求），这种方法可以显著提高效率，尤其是在涉及 I/O 操作（如 API 调用）时。

⑤ 异步 I/O。对于像与外部服务通信这样的 I/O 密集型操作，异步编程允许程序在等待 I/O 操作完成的同时执行其他任务。例如，在向模型客户端发送请求以生成回复的过程中，程序不会因为等待响应而停止工作，它可以继续处理其他任务。

通过这种方式，即使是单线程的 Python 程序也能够有效地管理多个并发操作，从而提高应用程序的整体性能和响应速度。

可以把异步编程想象成一个餐厅服务员。同步方式下，服务员一次只能服务一桌客人，上完菜才能去服务下一桌。而异步方式下，服务员可以同时给多桌客人点单，然后在厨房等待（相当于 await），哪桌的菜先做好，就先给哪桌上菜，如图 3-3 所示。这样，服务的效率就大大提高了。

图 3-3　同步编程与异步编程示意图

3.4　异步编程模式的代码优化

在 3.3 节中，已经了解了如何在 AutoGen 中实现异步调用，以及 Python 异步编程的基本原理。异步编程可以显著提高程序的效率，尤其是在处理 I/O 密集型任务时。然而，仅仅使用异步编程并不足以保证获得最佳性能。要充分发挥异步编程的优势，还需要对代码进行优化，采用更合理的策略。

接下来，我们将通过实例进一步探索，如何利用 AutoGen 构建一个既健壮又高效的 Agent，重点关注如何通过优化异步编程模式，提升 Agent 处理复杂任务的能力与响应速度。

3.4.1　跟我做：用 AutoGen 实现健壮的高性能 Agent

我们通过引入异步模式显著提升了客服助手应用的效率。然而，在实际工程实践中，我们可以对这段代码进一步优化，使其更加健壮、高效，并具备更好的用户体验。以下是改进后的具体代码示例：

code_3.4.1_ 用 AutoGen 实现健壮的高性能 Agent.py：（扫码下载）

```
from autogen_agentchat.agents import AssistantAgent
from autogen_ext.models.openai import OpenAIChatCompletionClient
from autogen_core.models import UserMessage
import os
import asyncio
from aiocache import cached, Cache  # pip install aiocache
from aiocache.serializers import JsonSerializer

def basic_customer_service(query: str) -> str:
    """
    简易客服助手函数，接收用户问题，返回回答。
    """
    common_questions = {
        "退货政策": "支持7天无理由退货，请保留原始包装。",
        "运费": "国内订单满99元包邮。"
    }
    # 检查是否为常见问题
    if query in common_questions:
        return common_questions[query]
    return None

model_client = OpenAIChatCompletionClient(
    model="gemini-2.0-flash",
    api_key=os.getenv("GEMINI_API_KEY"),  # 确保在环境中设置了GEMINI_API_
KEY
)
# 使用Cache.MEMORY指定内存缓存
@cached( ttl=3600,  serializer=JsonSerializer(),
    cache=Cache.MEMORY  # 直接使用预定义的内存缓存类型
)
async def async_generate(prompt):
    """异步生成文本"""
    agent = AssistantAgent("客服助手", model_client=model_client,
                           tools=[basic_customer_service])
    response = await agent.run(task=prompt)
    return response.messages[-1].content

async def main():
    questions = ["退货政策", "推荐一款笔记本电脑"]

    # 使用create_task并发执行任务
    tasks = [asyncio.create_task(async_generate(query)) for query in
```

```
questions]

        try:
            # 使用wait_for控制超时
            results = await asyncio.wait_for(asyncio.gather(*tasks), 
timeout=10)
        except asyncio.TimeoutError:
            print("处理请求超时")
            return []

        for query, result in zip(questions, results):
            print(f"问题: {query}\n回答: {result}\n")

        return results
    if __name__ == "__main__":
        results = asyncio.run(main())
```

上面的代码主要做了如下 3 个地方的改进。

① 缓存机制。通过 aiocache 库提供的缓存功能，给 async_generate 函数添加了内存缓存。如果相同的提示再次出现，则直接从缓存中获取结果，而不是重新计算。这不仅加快了高频访问问题的响应速度，还减轻了后端服务的压力。

② 并发执行任务。利用 asyncio.create_task 模块函数启动每个 async_generate 函数的调用作为一个后台任务。这种方法允许所有任务立即执行，而不需要等待前一个任务完成，从而提高了整体的任务处理效率。

③ 超时控制。在 main 函数中，使用 asyncio.wait_for 模块函数来设置所有任务的超时时间（例如 10 秒）。这样可以避免某些长时间运行的任务阻塞整个程序，确保系统的稳定性和响应性。

这些改进不仅提升了代码的效率，还增强了其健壮性，特别是通过添加缓存和超时控制来优化性能和用户体验。对于高频访问的问题，利用缓存可以直接返回之前计算的结果，大大减少了响应时间，同时，超时控制保证了即使面对异常情况，系统也能保持良好的可用性和稳定性。这样的设计使得客服助手能够更快速、更可靠地服务于用户，提供优质的交互体验。

3.4.2　跟我学：异步编程的常用技巧

3.4.1 节通过具体的例子展示了如何使用异步编程来优化客服助手应用的性能和健壮性。在掌握了基本概念后，了解一些常用的异步编程技巧可以帮助开发者更高效地编写代码，并充分利用异步 I/O 带来的性能提升。接下来，我们将深入探讨一些异步编程中的常用技巧，以助于更好地理解和应用这些概念。以下是一些经验性干货以及相应的代码示例。

（1）使用 asyncio.create_task 并发执行任务

在某些场景中，有时需要在协程启动后立即继续执行后续逻辑，而无需等待该协程完成。例如保存日志的场景。这时可以使用 asyncio.create_task 模块函数来立即调度一个协程为后台任务。以下代码展示了如何在不等待某个协程完成的情况下，继续执行其他任务：

```
import asyncio

async def long_running_task():
    print("Long-running task started.")
    await asyncio.sleep(5)   # 模拟耗时任务
    print("Long-running task completed.")

async def main():
    # 启动一个长时间运行的任务，但不等待它完成
    task = asyncio.create_task(long_running_task())

    # 立即执行其他逻辑
    print("Main function continues to run without waiting.")
    await asyncio.sleep(2)   # 主函数继续执行其他任务
    print("Main function is still running.")

    # 等待长时间任务完成（可选）
    await task

# 运行主函数
asyncio.run(main())
```

在这个例子中，“long_running_task”是一个耗时较长的协程任务。通过 asyncio.create_task 启动该任务后，主函数不会等待它完成，而是立即继续执行后续逻辑，这使得程序能够在不阻塞主线程的情况下同时处理多个任务。

（2）错误处理与超时控制

在并发编程中，错误处理和超时控制是至关重要的环节。特别是在异步任务中，某些操作可能会因网络延迟、资源竞争或其他原因而长时间挂起，导致程序无法正常推进。为了避免这种情况，可以使用 asyncio.wait_for 模块函数为任务设置超时时间。当任务在指定时间内未能完成时，asyncio.wait_for 会抛出 asyncio.TimeoutError 异常，从而允许程序进行相应的错误处理。

以下是一个示例代码，展示了如何结合 asyncio.wait_for 实现超时控制：

```
import asyncio

async def long_running_task():
```

```
        """
        模拟一个耗时较长的任务。
        """
        await asyncio.sleep(10)
        return "Done"

    async def main():
        """
        主函数，用于演示超时控制和错误处理。
        """
        try:
            # 为任务设置超时时间为5秒
            result = await asyncio.wait_for(long_running_task(),
timeout=5)
            print(result)
        except asyncio.TimeoutError:
            # 捕获超时异常并处理
            print("The long operation timed out")
        else:
            # 如果任务成功完成
            print("Operation completed successfully")

    # 运行主函数
    asyncio.run(main())
```

由于“long_running_task”的执行时间（10 秒）超过了设置的超时时间（5 秒），程序会捕获到 asyncio.TimeoutError 异常，并输出：

```
The long operation timed out
```

通过这种方式，asyncio.wait_for 不仅可以有效避免任务无限制挂起，还能确保程序在超时后能够及时进行错误处理，从而提高异步程序的健壮性和可靠性。

（3）结合同步代码与异步代码

在异步编程中，有时需要在异步环境中调用同步代码。尽管这种做法并非最佳实践方案，但在某些场景下是必要的。为此，可以使用 loop.run_in_executor 方法将同步函数提交到线程池中执行，从而避免阻塞异步事件循环。

以下是一个示例代码，展示了如何结合同步代码与异步代码：

```
import time
import asyncio

def blocking_io():
    """
    模拟一个阻塞的同步函数。
    """
    print(f"start blocking_io at {time.strftime('%X')}")
```

```
    time.sleep(1)   # 模拟阻塞操作
    print(f"blocking_io complete at {time.strftime('%X')}")

async def main():
    """
    主函数，用于演示如何在异步环境中运行同步代码。
    """
    loop = asyncio.get_running_loop()

    # 将同步函数提交到默认线程池中执行
    await loop.run_in_executor(None, blocking_io)

# 运行主函数
asyncio.run(main())
```

在上述代码中，blocking_io 是一个阻塞的同步函数，使用“time.sleep(1)”语句模拟耗时操作。通过 loop.run_in_executor 方法，该函数被提交到线程池中执行，从而避免了直接在异步事件循环中调用阻塞代码。这种方式允许同步代码在独立线程中运行，而不会阻塞异步程序的其他部分，从而实现同步与异步代码的有效结合。

（4）异步上下文管理器

Python 提供了对异步上下文管理器的支持，通过实现 __aenter__ 和 __aexit__ 方法，允许在异步代码中使用 async with 语句。这种方式特别适用于需要进行资源管理的场景，例如异步文件操作、网络连接管理等，能够确保资源在使用前后被正确初始化和清理。

以下是一个示例代码，展示了如何定义和使用异步上下文管理器：

```
import asyncio

class AsyncContextManager:
    """
    自定义异步上下文管理器类。
    """
    async def __aenter__(self):
        """
        在进入上下文时执行的异步方法。
        """
        print("entering context")
        return self

    async def __aexit__(self, exc_type, exc_value, traceback):
        """
        在退出上下文时执行的异步方法。
        """
```

```
            print("exiting context")

        async def do_something(self):
            """
            在上下文中执行的异步操作。
            """
            print("doing something")

async def main():
    """
    主函数，用于演示异步上下文管理器的使用。
    """
    async with AsyncContextManager() as manager:
        await manager.do_something()

# 运行主函数
asyncio.run(main())
```

在上述代码中使用了以下方法。

① __aenter__ 方法。在进入 async with 管理的上下文模块时被调用，用于初始化资源或执行前置操作。

② __aexit__ 方法。在退出 async with 管理的上下文模块时被调用，无论是否发生异常，都会执行清理操作。

③ do_something 方法。在上下文中执行的具体异步操作。

通过使用 async with 语句，异步上下文管理器能够确保资源在使用过程中被正确管理，同时简化了代码逻辑，提高了代码的可读性和健壮性。

这些技巧涵盖了从任务创建、错误处理、同步代码集成到异步上下文管理等多个方面，有助于在实际项目中更好地应用异步编程模式。

异步编程的核心优势在于提高程序效率，特别是在处理大量 I/O 操作时。合理利用这些技巧，可以使应用程序更加健壮且响应迅速。

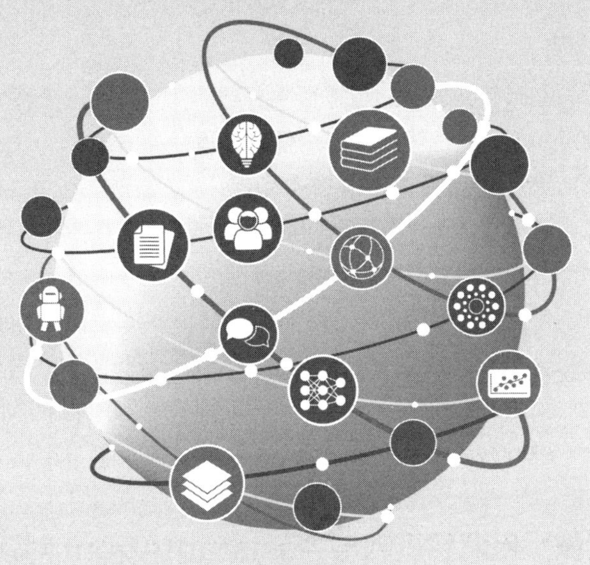

第 4 章 掌握 AutoGen：从入门到精通

本章将深入探讨 AutoGen 这一强大的自动化 Agent 开发框架，旨在帮助读者从基础开始逐步掌握其核心概念与高级功能。内容涵盖了 AgentChat 的消息机制、多模态输入的使用方法、内部事件处理以及如何通过各种工具扩展 Agent 能力。此外，本章还将详细介绍性能优化技巧、实现结构化和流式输出的方法，并指导读者创建自定义 Agent 以满足特定需求。无论是初学者还是有经验的开发者，都能通过本章内容提升在 AutoGen 平台上开发智能 Agent 的技术能力，探索更高效的开发实践路径。

AutoGen

4.1 AutoGen 中的 AgentChat 与消息机制

AgentChat 是微软 AutoGen 框架中用于构建多 Agent 系统的核心模块，支持 Agent 间的协作、消息传递及复杂任务处理。

在 AgentChat 中，最基本的消息类型是 TextMessage。就像同事间传递的便笺一样，TextMessage 用于承载纯文本信息。无论是简单的问候，还是复杂的指令，都可以通过 TextMessage 进行传递。

要真正领略 AgentChat 魅力，还需要深入了解其内部的消息机制，以及各种类型的 Agent 如何通过这些机制进行交互。其中一个重要的 Agent 类型就是 AssistantAgent。下面，通过一个实例，来探索如何利用消息机制与 AssistantAgent 进行对话。

4.1.1 跟我做：用消息机制与 AssistantAgent 对话

AssistantAgent 是 AgentChat 模块中一个很常用的类，可以通过该类非常容易地创建一个 Agent 角色并完成指定任务。

AssistantAgent 需要配合 TextMessage 类一起使用，TextMessage 类是对消息类型的封装。如果把 AssistantAgent 比作一个繁忙的办公室，那么 TextMessage 就是员工之间传递的便笺、邮件甚至是口头通知。它们承载着各种信息，推动着任务的执行和问题的解决。

本节将从零开始，创建一个能发送“Hello, world!”消息的程序，并接收和分析 Agent 的回复，使读者快速掌握 AutoGen 中最基本的对话机制：使用纯文本消息与内置 Agent 进行交互。

（1）构建第一条消息

下面通过一个简单的例子，来体验如何构建一条 TextMessage 消息：

```
from autogen_agentchat.messages import TextMessage
# 创建一条TextMessage消息，内容为 "Hello, world!"，发送者为 "User"。
text_message = TextMessage(content="Hello, world!", source="User")
# 打印这条消息的内容
print(text_message.content)
```

这段代码首先从 autogen_agentchat.messages 模块导入了 TextMessage 类。然后，创建了一个 TextMessage 实例，并指定了两个关键信息：

- content　消息的内容，这里是“Hello, world!”。

- source 消息的来源，这里是“User”，表示这条消息来自用户。

运行这段代码，控制台会打印出“Hello, world!”。这表明已成功创建了一条文本消息。

（2）用 on_messages 与 AssistantAgent 对话

如何将创建的消息发送给 Agent 呢？ AssistantAgent 类配备了一个名为“on_messages”的方法，它就像 Agent 的“收件箱”，负责接收消息并做出响应。下面以一个例子展示 on_messages 的使用，具体代码如下：

代码文件 code_4.1.1_ 用消息机制与 AssistantAgent 对话 .py :（扫码下载）

```
import asyncio
from autogen_agentchat.agents import AssistantAgent
from autogen_agentchat.messages import TextMessage
from autogen_ext.models.openai import OpenAIChatCompletionClient
from autogen_core import CancellationToken
import os

# 创建一个基于"gemini-2.0-flash"模型的客户端，使用环境变量中的API密钥进行初始化。
model_client = OpenAIChatCompletionClient(
    model="gemini-2.0-flash",
    api_key=os.getenv("GEMINI_API_KEY"),
)  # 确保在环境中设置了GEMINI_API_KEY

message = TextMessage(content="Hello World", source="User")
# 定义一个dialog_agent实例
dialog_agent = AssistantAgent("dialog_agent", description="聊天Agent",
                              model_client=model_client)
async def get_dialog_info():
    # 调用dialog_agent的on_messages() 方法，发送消息并获取响应。
    response = await dialog_agent.on_messages(
        [message],cancellation_token=CancellationToken())

    # 打印响应中的内部消息 (inner_messages) 和最终的聊天消息 (chat_
message)。
    print("内部消息：", response.inner_messages)
    print("聊天消息：", response.chat_message)

# 使用asyncio.run() 运行异步函数 (如果在脚本中运行)
asyncio.run(get_dialog_info())
```

这段代码首先创建了一个包含“Hello World”的 TextMessage 消息。然后，通过调用 dialog_agent 的 on_messages 方法，将消息发送给 dialog_agent。

on_messages 方法接收一个消息列表作为参数，其中可以包含多个消息，并按发送顺序执行。

on_messages 方法是“有状态”的，每次调用时，Agent 都会将新的消息添加到其内部的历史记录中。这意味着 Agent 能够记住之前的对话内容，从而实现更智能的交互。因此，在调用 on_messages 时，应该只传递“最新”的消息即可，不需要重复发送相同的消息或完整的历史记录。

代码运行后，输出结果如下：

```
内部消息：[]
聊天消息：source='dialog_agent' models_usage=RequestUsage(prompt_
tokens=26, completion_tokens=6) content='Hello!\nTERMINATE\n'
type='TextMessage'
```

该结果显示了 on_messages 方法的返回结果，on_messages 方法返回的结果是一个 Response 对象。其中，inner_messages 属性记录了 weather_agent 内部的处理过程（例如，调用了哪些工具，发生了什么事件等），chat_message 属性则包含了 Agent 返回给用户的最终消息。

4.1.2 跟我学：理解 AgentChat 核心概念与用法

AgentChat 的架构设计精妙之处在于其高度的模块化和灵活性。它将对话过程分解为一个个独立的组件，每个组件负责特定的功能，组件之间通过标准化的消息格式进行通信。这种设计使得 AgentChat 易于扩展和定制，可以根据具体需求添加新的组件或修改现有组件的行为。

可以将 AgentChat 想象成一个智能对话平台，在这个平台上，不同的“角色”（Agent）可以相互交流、协作，共同完成复杂的任务。这些“角色”可以是预先定义好的，也可以是根据需求定制的。每个“角色”都有自己的“姓名”（name）、“人物小传”（description），以及独特的“对话方式”。

AssistantAgent 是 AgentChat 中一个重要的预设 Agent，它基于语言模型，并且可以使用工具。可以把它看作是一个全能助手，不仅能说会道，还能借助各种工具来解决问题。

AgentChat 中所有 Agent 都具备共同的参数和方法名字，具体如下。

- name　这是 Agent 的唯一标识，就像每个人的名字一样，用于区分不同的 Agent。例如，在智能家居场景中，可以有 "WeatherAgent"（天气 Agent）、"LightAgent"（灯光控制 Agent）等。

- description　这是对 Agent 功能的简要描述，相当于 Agent 的“自我介绍”。例如，“WeatherAgent”的描述可以是“提供全球天气查询服务”。

- on_messages　这是 Agent 接收消息并做出回应的核心方法。可以把它想象成 Agent 的“大脑”，接收到消息后，经过一番“思考”，给出相应的回复。值得注意的是，Agent 是有“记忆”的，它会记住之前的对话内容，因此，每次调用 on_messages 方法时，只需要传入新的消息，而不需要传入完整的对话历史。
- on_messages_stream()　它与 on_messages 方法类似，都可以接收消息。不同之处在于，on_messages_stream() 能够以“流”的形式返回 Agent 的回应。这就像看一场电影，on_messages() 相当于直接给出了电影的结局，而 on_messages_stream 则会展示电影的完整过程，包括每一个场景和细节。
- on_reset　这个方法可以将 Agent 的状态重置为初始状态，就像“失忆”一样，忘记之前的对话内容。
- run和run_stream　这两个方法是对on_messages和on_messages_stream 方法的进一步封装，提供了更便捷的使用方式，同时也保持了与 Teams 兼容的接口。

on_messages 方法接收一个包含 ChatMessage 对象的列表作为输入，并返回一个 Response 对象。Response 对象则包含了 Agent 的最终回复（chat_message 与 inner_messages 属性）。ChatMessage 对象表示一条消息，可以包含文本、图像等多种类型的内容。而 chat-message 和 inner_messages 相当于一系列“内心独白”，记录了 Agent 产生回复的思考过程。

4.1.3 跟我学：了解 AgentChat 中更多的 Agent

AgentChat 里预设了多种 Agent，每个 Agent 都有其独特的行为模式。除了 AssistantAgent 之外，常见的预设 Agent 还包括以下几种。

- UserProxyAgent　模拟用户行为的 Agent，可以将用户输入作为回应。
- CodeExecutorAgent　能够执行代码的 Agent。
- OpenAIAssistantAgent　一个由 OpenAI 助手支持的 Agent，能够使用自定义工具。
- MultimodalWebSurfer　一种多模态 Agent，可以搜索网络并访问网页以获取信息。
- FileSurfer　一个可以在本地文件中搜索和浏览信息的 Agent。
- VideoSurfer　一个可以观看视频以获取信息的 Agent。

在后续的章节中，我们还会详细介绍这些预设 Agent 的用法，并学习如何创建自定义 Agent 来满足特定需求。

4.2 AutoGen 中的多模态输入

前一节探讨了 AgentChat 的核心概念、消息机制以及多种 Agent 类型。在此基础上，本节将进一步扩展 Agent 的能力，使其能够处理更加丰富的信息形式——多模态输入。在现实世界的交互中，信息往往不仅仅局限于文本，还包括图像、音频、视频等多种形式。AutoGen 提供了强大的多模态支持，让 Agent 具备处理这些不同类型信息的能力，从而构建更贴近真实应用场景的智能系统。

为了实现多模态输入，AutoGen 引入了 MultiModalMessage 这一关键组件。MultiModalMessage 不再局限于纯文本消息，而是可以容纳文本、图像等多种媒体内容。接下来，将通过一个实例，展示如何使用 MultiModalMessage 向 Agent 发送多媒体消息，并了解其背后的工作机制。

4.2.1 跟我做：使用 MultiModalMessage 发送多媒体消息

本节目标是通过一个实际操作示例，展示如何使用 MultiModalMessage 发送包含图片和文本的消息给 AssistantAgent，并让其根据图片内容进行描述。这一功能在智能家居助手等场景下非常实用，比如用户可以通过发送图片来查询图片中的物品信息、场景描述等。

具体步骤如下。

① 导入必要的模块。这些模块包括用于处理图片的 PIL 模块、用于网络请求的 requests 模块，以及 AutoGen 中的相关消息类和工具。具体代码如下：

代码文件 code_4.2.1_ 使用 MultiModalMessage 发送多媒体消息 .py：（扫码下载）

```
from io import BytesIO
import requests
from autogen_agentchat.messages import MultiModalMessage
from autogen_ext.models.openai import OpenAIChatCompletionClient
from autogen_agentchat.agents import AssistantAgent
from autogen_core import CancellationToken
import os
from PIL import Image
from autogen_core import Image as AGImage
```

② 创建一个 AssistantAgent 实例。这个 Agent 将使用 OpenAI 的 GPT-4o 模型，并且我们为其配置了 model_client。在这里，将 model_client 设置

为使用 Gemini-2.0-flash 模型，以便更好地处理多模态输入。具体代码如下：

代码文件 code_4.2.1_使用 MultiModalMessage 发送多媒体消息.py（续）：（扫码下载）

```
    model_client = OpenAIChatCompletionClient(
        model="gemini-2.0-flash",
        api_key=os.getenv("GEMINI_API_KEY"),   # 确保在环境中设置了GEMINI_API_
KEY
    )
    agent = AssistantAgent(
        name="assistant",
        model_client=model_client,
        system_message="你是一个描述图片的助手."
    )
```

然后，从网络加载一张图片。这里使用的是一个随机图片的 URL，实际应用中可以替换为任何有效的图片 URL。通过 requests.get 模块函数获取图片数据，然后使用 PIL.Image.open 方法打开图片数据，最后将其转换为 AutoGen 所需的图像格式。具体代码如下：

代码文件 code_4.2.1_使用 MultiModalMessage 发送多媒体消息.py（续）：（扫码下载）

```
    # 从网络加载图片
    pil_image =Image.open(BytesIO(requests.get("https://图片地址").content))
    pil_image.show()
    img = AGImage(pil_image)
```

这段代码运行后，可以看到程序请求 URL 后获得的图片。如图 4-1 所示。

图 4-1　网络图片

现在，创建一个 MultiModalMessage 消息。这个消息包含一个文本内容和刚才加载的图片。文本内容是询问 Agent 是否可以描述图片的内容，图片作为消息的一部分发送给 Agent。具体代码如下：

代码文件 code_4.2.1_ 使用 MultiModalMessage 发送多媒体消息 .py（续）：（扫码下载）

```
    multi_modal_message = MultiModalMessage(
        content=["帮我描述一下图片里面的内容?", img],
        source="user")
```

最后，使用 Agent 的 on_messages 方法发送这个多模态消息。这个方法会处理消息并返回 Agent 的响应。打印出响应内容，即 Agent 对图片内容的描述。具体代码如下：

代码文件 code_4.2.1_ 使用 MultiModalMessage 发送多媒体消息 .py（续）：（扫码下载）

```
    async def main():
        response = await agent.on_messages([multi_modal_message],
CancellationToken())
        print("Assistant's description:", response.chat_message.content)
    import asyncio
    asyncio.run(main())
```

代码运行后，输出结果如下：

```
    Assistant's description: 当然，我来为您描述一下图片的内容：
    这是一张黑白照片，描绘了一个气势磅礴的瀑布。瀑布从高耸的悬崖上倾泻而下，水流湍急而
有力。在瀑布的底部，水花四溅，形成一片迷蒙的水雾。
    在瀑布前，有一个小小的身影，可能是一个人。这个人站在那里，与壮观的瀑布形成鲜明对比，
更突显了瀑布的宏伟和自然的力量。
    照片整体的色调是黑白的，增强了画面的对比度和视觉冲击力，也营造出一种宁静而神秘的
氛围。
```

4.2.2　跟我学：了解 AutoGen 中的消息类型

在 AutoGen 的 AgentChat 中，消息是 Agent 之间、Agent 与编排器以及其他应用程序之间进行通信和信息交换的桥梁。它就像是一个邮递员，负责将各种信息准确无误地送到目的地。AgentChat 支持多种消息类型，每种类型都有其特定的用途，就像是邮递员有不同的运输工具，有的适合送信，有的适合送包裹。

（1）ChatMessage 及其子类型

ChatMessage 是 AgentChat 中消息的核心类型，它就像是消息的大家族，涵盖了文本和多模态通信等多种形式。在这个大家族中，有两个比较典型的子类型：TextMessage 和 MultiModalMessage。

（2）TextMessage：纯文本消息的使者

TextMessage 用于发送纯文本内容，就像是传统的信件，只有文字内容，没有其他形式的内容。它接受一个字符串内容和一个字符串来源作为参数。例如，下面的代码展示了如何创建一个 TextMessage 消息：

```
from autogen_agentchat.messages import TextMessage

# 创建一个TextMessage消息,内容为 "Hello, world!",来源为 "User"
text_message = TextMessage(content="Hello, world!", source="User")
```

这个消息可以被直接传递给 Agent，或者作为任务传递给团队的 run 方法。在智能家居助手的场景下，用户可以通过 TextMessage 消息发送指令，比如查询天气："明天北京的天气如何？"。

（3）MultiModalMessage：多媒体消息的承载者

MultiModalMessage 则更为强大，它不仅可以包含文本，还可以包含图片等多媒体内容，就像是一个可以装信件和包裹的多功能邮车。它接受一个字符串列表或图像对象列表作为内容。例如，下面的代码展示了如何创建一个 MultiModalMessage：

```
from io import BytesIO
import requests
from autogen_agentchat.messages import MultiModalMessage
from autogen_core import Image as AGImage
from PIL import Image

# 从网络获取图片
response = requests.get("https://图片地址")
pil_image = Image.open(BytesIO(response.content))
img = AGImage(pil_image)

# 创建一个MultiModalMessage,内容包含文本和图片
multi_modal_message = MultiModalMessage(content=["这张图片展示了一个美丽的风景,你能描述一下它的天气情况吗?", img], source="User")
```

在这个例子中，用户不仅发送了文字询问天气，还附上了一张风景图片，智能家居助手可以根据图片内容和文字指令，更准确地判断用户的需求，比如描述图片中的天气状况。

（4）消息的传递与响应

创建好消息后，可以通过 Agent 的 on_messages 方法将消息传递给 Agent，或者作为任务传递给团队的 run 方法。Agent 在收到消息后，会根据消息的内容进行处理，并返回一个响应。响应中包含了 Agent 的最终回复以及 Agent 的"思考过程"。

例如，对于上面创建的“multi_modal_message”，可以这样传递给Agent：

```
    from autogen_agentchat.agents import AssistantAgent
    from autogen_core import CancellationToken

    # 创建一个AssistantAgent
    model_client = OpenAIChatCompletionClient(model="gpt-4o")
    agent = AssistantAgent(name="assistant", model_client=model_client)

    # 使用asyncio.run(...) 在脚本中运行
    async def handle_message():
        response = await agent.on_messages([multi_modal_message],
CancellationToken())
        print(response.chat_message.content)

    import asyncio
    asyncio.run(handle_message())
```

在这个过程中，Agent 会分析用户发送的图片和文字，结合自身的知识和工具，给出相应的回答，比如描述图片中的天气状况。

（5）消息类型背后的机制与应用

消息类型的设计不仅仅是为了方便开发者使用，更是为了适应不同场景下的通信需求。TextMessage 类简洁明了，适合快速传递文字信息；MultiModalMessage 类则丰富多样，能够承载更多的信息内容。

在智能家居 Agent 的应用中，消息类型的合理使用可以让该 Agent 更好地理解用户的需求。例如，当用户发送一张室内图片并询问空气质量时，Agent 可以通过 MultiModalMessage 类接收图片，分析其中的环境信息，再结合自身的工具查询实时的空气质量数据，最终给出准确的答复。

此外，消息类型还为多轮对话提供了基础。Agent 可以根据之前的消息历史，结合新收到的消息，进行更深入的思考和分析，从而给出更符合上下文的回答。这就好比邮递员不仅仅知道如何送信，还能根据之前的送信记录，更好地安排后续的送信任务。

4.3 AutoGen 中的内部事件

在前面的章节中，已经初步了解了 AgentChat 的基本用法和消息传递机制，体验了如何通过消息与 Agent 进行交互。通过 AssistantAgent，可以构建一个能够响应各种请求的智能助手。然而，Agent 之间的交互远不止简单的请求和响应。AutoGen 提供了一种更深入、更细粒度的了解 Agent 内部工作机制的方式：内部事件。

在了解了一般的消息处理方式后，如果希望了解 Agent 之间更深层次的交互细节，可以关注 AutoGen 的流式消息。通过流式消息，可以实时观察 Agent 之间的交互过程，就像打开了一个“黑匣子”，洞察其内部运作。

4.3.1　跟我做：用流式消息窥察内部交互

如果把消息看作是 Agent 之间沟通的桥梁，那么流式消息则像是这座桥梁上的实时监控器，它能够窥探 Agent 在处理任务时的每一个细微动作。

本节将通过一个贴近生活的例子——智能家居助手，来学习如何利用流式消息观察 Agent 的内部交互。具体做法如下。

① 使用 AutoGen 的 AssistantAgent 搭建 Agent 的基本架构。为了模拟一个真实的开发环境，这里选择了谷歌的 Gemini 模型作为底层语言模型。具体代码如下：

代码文件 code_4.3.1_ 用流式消息窥察内部交互 .py：（扫码下载）

```
import os
from autogen_agentchat.agents import AssistantAgent
from autogen_agentchat.messages import TextMessage
from autogen_core import CancellationToken
from autogen_ext.models.openai import OpenAIChatCompletionClient

# 初始化模型客户端
model_client = OpenAIChatCompletionClient(
    model="gemini-2.0-flash",
    api_key=os.getenv("GEMINI_API_KEY"),  # 确保在环境中设置了GEMINI_
API_KEY
)
```

② 创建 Agent，并为其添加一个工具，比如查询空气质量的工具。这个工具可以是一个简单的函数，模拟从 API 获取数据。具体代码如下：

代码文件 code_4.3.1_ 用流式消息窥察内部交互 .py（续）：（扫码下载）

```
async def get_air_quality(city: str) -> str:
    """获取指定城市的空气质量数据"""
    # 这里模拟从API获取数据
    air_quality_data = {
        "北京": "优",
        "上海": "良",
```

```
            "广州": "优",
            "深圳": "优"
        }
        return air_quality_data.get(city, "暂无数据")

    # 创建Agent
    agent = AssistantAgent(
        name="smart_home_assistant",
        model_client=model_client,
        tools=[get_air_quality],
        system_message="你是一个智能家居助手，能帮用户查询天气、空气质量，还能处理
图片和执行多步任务。"
    )
```

选择一张城市图片，并问“这里明天的天气怎么样？”Agent 需要先识别图片中的城市，再查询天气。具体代码如下：

代码文件 code_4.3.1_用流式消息窥察内部交互.py（续）：（扫码下载）

```
from autogen_agentchat.messages import MultiModalMessage
from autogen_core import Image as AGImage
from PIL import Image
import io
import requests

# 创建一个多模态消息，包含文字和图片
pil_image = Image.open("./北京.png")
pil_image.show()
img = AGImage(pil_image)
multi_modal_message = MultiModalMessage(
    content=["帮我查询一下，这张图片中的城市的空气质量怎么样？", img],
    source="user"
)
```

代码运行后，可以看到图片如下（图 4-2）：

图 4-2　含有“北京”文字的图片

现在，已经为 Agent 添加了基本功能。接下来，将使用流式消息来观察 Agent 在处理任务时的内部交互。具体代码如下：

代码文件 code_4.3.1_ 用流式消息窥察内部交互 .py（续）:（扫码下载）

```
# 使用流式消息处理用户请求
async def handle_user_request():
    await Console(
        agent.on_messages_stream(
            [ multi_modal_message ],
            cancellation_token=CancellationToken(),
        )
    )

# 运行处理函数
import asyncio
asyncio.run(handle_user_request())
```

代码中，使用了流式方法 on_messages_stream 处理用户请求，并通过控制台（Console）实时输出 Agent 的处理过程。

输出结果如下：

```
---------- smart_home_assistant ----------
[FunctionCall(id='', arguments='{"city":"北京"}', name='get_air_
quality')]
---------- smart_home_assistant ----------
[FunctionExecutionResult(content='优', call_id='', is_error=False)]
---------- smart_home_assistant ----------
优
```

从输出结果可以看到，模型先通过其内部的 FunctionCall 功能，将参数（"city": "北京"）传入工具函数“get_air_quality”中，并在 FunctionExecutionResult 里面得到工具函数“get_air_quality”的返回，从而得到最终结果：优。

通过这段完整的代码，可以看到 Agent 如何接收多模态消息，如何调用工具获取数据，并如何通过流式消息实时输出其内部交互过程。

4.3.2　跟我学：了解 AutoGen 中的流式消息

在实际应用中，当人们希望实时获取 Agent 生成的每个消息，而不是等待所有消息生成后再一次性获取时，就会需要使用 AutoGen 中的流式消息功能来解决。

流式消息允许逐步获取 Agent 生成的每个消息，而不是一次性获取所有消息。这在处理大型语言模型时尤其有用，因为这些模型可能需要较长时间来生成完整的响应，而流式消息可以让我们在生成过程中实时获取部分结果。

在 AutoGen 中，可以通过 on_messages_stream 方法来实现流式消息的功能。该方法与 on_messages 方法类似，但它返回的是一个异步生成器，可以逐步获取 Agent 生成的每个消息。

在实际运行中，on_messages_stream 方法会返回一个异步迭代对象，每次循环捕获 Agent 处理中的新消息。下面，将通过一个具体的示例来学习如何使用 on_messages_stream 方法实现流式消息。

修改上一节代码中的“handle_user_request”函数，如下：

```
async def handle_user_request():
    async for message in agent.on_messages_stream(
            [multi_modal_message],
            cancellation_token=CancellationToken()
      ):
            print(message)
```

在这段代码中，使用 on_messages_stream 方法来处理用户请求。这个方法会返回一个异步生成器，逐步输出 Agent 在处理任务时的每一个消息，包括它如何识别图片、如何调用工具查询天气等。

代码运行后输出结果如下：

```
    source='smart_home_assistant' models_usage=RequestUsage(prompt_
tokens=2372, completion_tokens=28) content=[FunctionCall(id='', arguments=
'{"city":"北京"}', name='get_air_quality')] type='ToolCallRequestEvent'
    source='smart_home_assistant' models_usage=None content=[Function-
ExecutionResult(content='优', call_id='', is_error=False)] type='ToolCall-
ExecutionEvent'
    Response(chat_message=ToolCallSummaryMessage(source='smart_home_
assistant', models_usage=None, content='优', type='ToolCallSummaryMessage'),
inner_messages=[ToolCallRequestEvent(source='smart_home_assistant',
models_usage=RequestUsage(prompt_tokens=2372, completion_tokens=28),
content=[FunctionCall(id='', arguments='{"city":"北京"}', name='get_air_
quality')], type='ToolCallRequestEvent'), ToolCallExecutionEvent(source=
'smart_home_assistant', models_usage=None, content=[FunctionExecutionRes-
ult(content='优', call_id='', is_error=False)], type='ToolCallExecutionEve-
nt')])
```

这段输出信息包含了 Agent 在处理用户请求时的详细交互过程。具体解读如下。

① 第一行表示Agent“smart_home_assistant”发起了一个工具调用请求。它使用了“get_air_quality”工具，并传入了参数 {"city":" 北京 "}。这里还显示了模型的使用情况，包括提示词和完成词的数量。

② 第二行表示工具调用的执行结果。Agent 成功获取了北京的空气质量数据，结果为 " 优 "。

③ 第三行是最终的响应对象。包含了 Agent 的最终回答（chat_message）以及内部消息（inner_messages）。最终回答是工具调用的总结，直接返回了空气质量的结果 " 良 "。内部消息则详细记录了工具调用的请求和执行过程。

通过解读这些输出信息，可以更清楚地了解 Agent 在处理任务时的每一个步骤。这对于优化 Agent 的行为、调试潜在问题以及扩展功能都非常重要。具体可以体现在以下几点。

- 优化 Agent 的行为　如果发现 Agent 在某些任务上的表现不够理想，比如工具调用的参数不准确或者调用的工具不恰当，我们可以通过分析流式消息的输出来定位问题。例如，在上面的例子中，如果 Agent 错误地识别了图片中的城市，我们可以检查图片处理模块的逻辑，或者调整模型的提示词来提高识别准确性。
- 调试潜在问题　流式消息的输出还帮助我们发现 Agent 在处理任务时可能遇到的错误或异常情况。例如，如果 ToolCallExecutionEvent 中的 is_error 字段为 True，说明工具调用过程中出现了问题。可以根据错误信息进一步排查原因，比如网络连接问题、API 限制等。
- 扩展功能　了解 Agent 的内部交互过程后，可以更有针对性地扩展它的功能。例如，在上面的例子中，Agent 只能查询单个城市的空气质量。如果我们希望它能处理更复杂的查询，比如多个城市空气质量对比，或者结合天气数据进行综合分析，我们可以基于现有的工具调用逻辑进行扩展。

但是，流式消息会增加一定的性能开销，因为它需要实时输出 Agent 的每一个动作。在生产环境中，我们可能需要权衡调试需求和性能影响，合理使用流式消息。

4.3.3　跟我学：了解 AutoGen 中的内部事件与 Agent 的交互

在 AutoGen 的架构中，内部事件（AgentEvent）起着至关重要的作用。

AgentEvent 是一种特殊的信息载体，它主要用于 Agent 内部的消息传递和事件通知。通过内部事件，Agent 能够实现对自身行为的管理和协调，以及对工具调用等操作的控制。例如，当 Agent 需要调用某个工具时，它会生成一个 ToolCallRequestEvent，这个事件在 Agent 内部流转，触发相应的处理逻辑，从而实现工具的调用。内部事件就像是 Agent 内部的“信使”，确保了 Agent 能够有序地执行各种任务，并且能够有效地管理其内部状态和行为。

（1）ToolCallRequestEvent 和 ToolCallExecutionEvent 的介绍

在 AutoGen 中，ToolCallRequestEvent 和 ToolCallExecutionEvent 是两种典型的内部事件，主要用于工具调用的场景。

- ToolCallRequestEvent　表示 Agent 请求调用工具的事件。当 Agent 决定使用某个工具来完成任务时，它会生成这个事件。该事件包含了工具调用的相关信息，例如调用的工具名称、参数等。
- ToolCallExecutionEvent　在工具调用这一操作执行完毕后生成的事件。它包含了工具调用的结果信息。这两个事件在工具调用的过程中起到了关键的作用，它们确保了工具调用的请求和结果能够在 Agent 内部正确地传递和处理。

ToolCallRequestEvent 和 ToolCallExecutionEvent 在工具调用和结果传递中发挥着核心作用。当 Agent 需要调用工具时，它首先生成 ToolCallRequestEvent，用这个事件触发 Agent 内部的工具调用机制，将工具调用请求发送出去。在工具调用执行完成后，它会生成 ToolCallExecutionEvent，用这个事件将工具执行的结果带回 Agent。Agent 可以根据这个结果进行后续的处理和决策，例如，Agent 可能需要根据工具返回的数据来调整其策略或者生成新的任务。通过这两个事件，Agent 能够实现工具调用的完整流程，并且能够有效地管理和利用工具返回的信息。

（2）AutoGen 中的其他内部事件

除了 ToolCallRequestEvent 和 ToolCallExecutionEvent 以外，AutoGen 中还有其他的内部事件。这里，我们先简单介绍一下，在后面的章节中还会详细说明。

- MemoryQueryEvent　使其他 Agent 或系统能够获取到当前 Agent 从内存中查询到的信息，有助于实现知识共享和协作。该事件中包含内存查询的结果，这些结果以内存内容项的形式呈现，每个内容项包含具体内容、MIME 类型以及相关的元数据等。该事件在 Agent 查询内存内容时触发。
- ModelClientStreamingChunkEvent　用于实时传递模型输出的片段，使得接收方能够及时处理和展示这些增量的文本内容，提升交互的实时性和流畅性。该事件中包含部分文本块，即模型输出的增量内容，在模型客户端以流模式输出文本时触发。
- ThoughtEvent　可以让其他 Agent 或系统了解当前 Agent 的思考逻辑和推理路径，有助于协作和问题解决。该事件记录了 Agent 的思考过程内容，在 Agent 产生思考过程时触发，如推理模型生成的推理令牌或函数调用生成的额外文本内容。

- UserInputRequestedEvent　通知其他 Agent 或系统用户输入请求的到来，便于进行相应的输入处理和交互控制。在 Agent 请求用户输入时触发，在调用输入回调之前发布。该事件包含一个请求标识符，用于标识此次用户输入请求。

（3）在自定义 Agent 中利用内部事件与外部系统交互

在构建自定义 Agent 时，内部事件还可以用于与外部系统[如用户界面（UI）]进行交互。例如，Agent 可以将内部事件包含在响应的 inner_messages 字段中，这样外部系统就能够接收到这些事件，并根据事件的内容进行相应的处理。

以 UI 为例，当 UI 收到 ToolCallRequestEvent 事件时，它可以显示 Agent 正在调用某个工具的信息，让用户了解 Agent 的工作状态；而当收到 ToolCallExecutionEvent 事件时，UI 可以展示工具调用的结果，增强用户对 Agent 行为的可见性和控制力。

通过这种方式，内部事件成为了自定义 Agent 与外部系统之间沟通的桥梁，使得 Agent 能够更好地融入到更复杂的系统架构中，实现更丰富的功能和更良好的用户体验。

4.3.4　跟我学：AutoGen 中的日志机制

在调试 AutoGen 项目中，除了使用流式消息监控 Agent 行为，另一个调试手段就是使用日志了。

日志机制是 AutoGen 重要的组成部分，它有助于开发者监控 Agent 的行为、调试代码以及记录系统运行时的关键信息。下面我们将通过具体的代码示例来学习如何配置和使用 AutoGen 中的日志功能。

（1）日志机制的基本配置

AutoGen 内部集成了 Python 的 logging 模块，在开发时，按照原生的 logging 模块进行配置即可，具体代码如下：

```
import logging
from autogen_agentchat import EVENT_LOGGER_NAME, TRACE_LOGGER_NAME
# 配置基础日志级别
logging.basicConfig(level=logging.WARNING)
```

在上述代码中，首先导入了必要的模块，包括 Python 内置的 logging 模块以及 AutoGen 中与日志相关的常量 EVENT_LOGGER_NAME 和 TRACE_LOGGER_NAME。

然后，我们使用 logging.basicConfig 函数设置了基础的日志级别为 WARNING，这意味着只有级别为 WARNING 或更高（如 ERROR、CRITICAL）的日志消息才会被记录。

（2）跟踪日志的配置与使用

配置好日志模块后，可以按照如下代码进行使用：

```
# 配置跟踪日志记录器
trace_logger = logging.getLogger(TRACE_LOGGER_NAME)
trace_logger.addHandler(logging.StreamHandler())  # 添加控制台输出处理程序
trace_logger.setLevel(logging.DEBUG)  # 设置跟踪日志的级别为DEBUG
```

上述代码中，定义了“trace_logger”，用来获取名称为 TRACE_LOGGER_NAME 的日志记录器，并为其添加了一个 StreamHandler，这样日志消息就会输出到控制台。

代码中的第三行将跟踪日志的级别设置为 DEBUG，这样可以记录更详细的信息，包括 Agent 的详细执行过程、函数调用、参数传递等，这对于调试代码和理解 Agent 的行为非常有帮助。

（3）结构化消息日志的配置与应用

结构化消息日志主要用于记录 Agent 之间低层次的消息传递等信息。通过配置“event_logger”，我们可以捕获 Agent 在运行过程中产生的结构化事件日志，如 Agent 间的通信内容、状态变化等。具体代码如下：

```
# 配置结构化消息日志记录器
event_logger = logging.getLogger(EVENT_LOGGER_NAME)
event_logger.addHandler(logging.StreamHandler())  # 添加控制台输出处理程序
event_logger.setLevel(logging.DEBUG)  # 设置结构化消息日志的级别为DEBUG
```

这些日志以结构化的方式呈现，便于解析和分析，有助于开发者了解 Agent 之间的交互细节以及系统的运行状态。

（4）日志的实际应用场景

一般来讲，日志的实际应用场景主要有三种，具体如下。

- 调试 Agent 行为　在开发和调试 AutoGen Agent 时，日志机制能够提供丰富的信息。例如，通过跟踪日志，我们可以看到 Agent 在接收到特定消息后是如何进行处理的，包括调用了哪些函数、进行了哪些逻辑判断等。这有助于快速定位问题所在，优化 Agent 的行为逻辑。
- 监控 Agent 间通信　结构化消息日志对于监控 Agent 之间的通信非常有用。开发者可以实时查看 Agent 之间传递的消息内容、格式以及通信的频率等，从而确保 Agent 之间的协作是按照预期进行的。如果出现通信异常或数据不一致的情况，日志能够提供有力的线索来排查问题。

- **记录工具调用过程**　在 Agent 使用工具的过程中，日志可以记录工具调用的请求和执行结果。这对于评估工具的有效性、分析工具调用的效率以及优化工具的使用方式都有着重要的意义。通过查看日志中关于工具调用的部分，开发者可以了解 Agent 是如何利用工具来完成任务的，进而改进 Agent 的策略和工具的设计。

AutoGen 的日志机制能够更好地帮助开发人员调试和优化基于 AutoGen 的 Agent 系统，使其更加高效、稳定和可靠。

4.4　使用工具扩展 Agent 能力

大型语言模型（LLM）通常仅限于生成文本或代码响应，但许多复杂任务需要使用执行特定操作的外部工具。现代 LLM 可以接受可用工具模式的列表，并生成工具调用消息，这种能力被称为工具调用或函数调用。

正是基于 LLM 的这种工具调用能力，Agent 得以摆脱单纯的文本交互限制，通过与外部工具的连接，实现更加广泛和强大的功能。接下来，将通过一个实例，演示如何创建一个能够自动反思工具调用结果的 Agent，从而深入理解工具在扩展 Agent 能力方面的核心作用。

4.4.1　跟我做：实现能够自动反思工具结果的 Agent

在 4.3.1 节的例子中，Agent 通过“get_air_quality”工具获得北京空气质量结果（优）并返回给客户，然而最终结果只有一个字“优”。这个结果显得过于生硬。以下就来对其进行优化，使其生成更加人类友好的结果。

在 AutoGen 中，提供了能够反思工具结果的机制，当 AssistantAgent 执行一个工具时，它会将该工具的输出作为字符串返回，在其响应中以工具调用摘要消息的形式呈现。

如果工具没有返回相对人性化的自然语言，则可以通过在 AssistantAgent 构造函数中设置 reflect_on_tool_use=True 来添加一个反思步骤，使 Agent 总结工具的输出。

这样一来，即便是那些不直接产生易于理解的文字输出的工具，也能通过 Agent 的概括让最终用户获得清晰、有用的信息反馈。这种机制极大地扩展了 LLM 在实际应用中的灵活性和实用性。具体操作非常简单，只需要修改 4.3.1 节示例代码的 AssistantAgent 部分。代码如下：

代码文件 code_4.4.1_ 实现能够自动反思工具结果的 Agent.py（部分）：

（扫码下载）

```
    # 创建Agent
    agent = AssistantAgent(
        name="smart_home_assistant",
        model_client=model_client,
        tools=[get_air_quality],
        reflect_on_tool_use=True,
        system_message="你是一个智能家居助手，能帮用户查询天气、空气质量，还能处理
图片和执行多步任务。"
    )
```

代码运行后，可以看到如下结果：

```
    ---------- smart_home_assistant ----------
    [FunctionCall(id='', arguments='{"city":"北京"}', name='get_air_
quality')]
    ---------- smart_home_assistant ----------
    [FunctionExecutionResult(content='良', call_id='', is_error=False)]
    ---------- smart_home_assistant ----------
    北京现在的空气质量是优。
```

可以看到，Agent 的最终输出不再是一个字“优”，而是“北京现在的空气质量是优。”

4.4.2 跟我学：理解工具调用机制

在 4.3.1 节中，我们展示了如何通过上传一张图片来获取图片中所示城市的空气质量信息。这一看似复杂的操作实际上是借助于 Agent 和工具的配合实现的。用户仅需将特定工具传入实例化的 AssistantAgent 对象中的 tools 参数，即可完成设置，整个过程异常简洁高效，那么它是如何实现的呢？

实际上，在 AutoGen 框架内部已经预先处理了这些复杂性。具体而言，它将 Python 函数转换为大语言模型能够理解和使用的工具格式，并将其与模型一起使用以实现功能调用。

可以通过下面代码片段展示如何查看这种转换的最终结果，以及 AutoGen 是如何将一个普通的 Python 函数转化为工具函数（FunctionTool）的。

这里还以 4.3.1 节示例代码中的“get_air_quality”工具为例，具体代码如下：

```
 from autogen_core.tools import FunctionTool
#如果工具是Python函数，则会在AssistantAgent内部自动执行。
get_air_quality_function_tool = FunctionTool(func=get_air_quality,
description=get_air_quality.__doc__)
print(get_air_quality_function_tool.schema) #输出转换后的最终结果
```

上述代码中，通过将“get_air_quality”函数传递给 FunctionTool 构造器，同时利用函数的文档字符串作为描述，AutoGen 能够自动生成相应的工具模式(schema)。此模式在 AssistantAgent 处理消息时被提供给 Agent，从而实现了工具的无缝集成与调用。

代码运行后输出结果如下：

```
{
  "name": "get_air_quality",
  "description": "获取指定城市的空气质量数据",
  "parameters": {
    "type": "object",
    "properties": {
      "city": {
        "description": "city",
        "title": "City",
        "type": "string"
      }
    },
    "required": ["city"],
    "additionalProperties": False
  },
  "strict": False
}
```

该结果就是 AutoGen 将“get_air_quality”转换后得到的字符串。从该字符串可以看出，“get_air_quality”函数被定义为一个可以获取指定城市的空气质量数据的工具。这个字符串详细描述了如何调用该函数以及它期望接收什么样的参数。Agent 也是根据该字符串来决定是否需要调用工具的。下面是对“get_air_quality”字符串的解析。

- name "get_air_quality" 表示此工具的名称是 get_air_quality。
- description "获取指定城市的空气质量数据" 提供了此工具的功能概述，即它能够根据输入的城市名称获取相应的空气质量信息。
- parameters 参数部分定义了调用此工具时需要传递的数据格式。
- type "object" 表明输入是一个对象。
- properties 定义了对象中包含的属性，在本例中仅有一个属性（city）。
- required ["city"] 表示在调用此工具时，必须提供 city 参数。
- additionalProperties False 表示除了已定义的 city 属性外，不允许传入其他额外的属性。
- strict False 这个设置可能影响到工具对接收到的数据的处理方式，例如是否严格匹配预期的数据结构等。

通过这种方式定义的工具模式，确保了当 Agent 尝试使用“get_air_quality”工具时，它清楚地知道需要提供哪些信息以及这些信息应该如何结构化。这种明确性不仅简化了开发过程，也增强了系统的稳定性和可靠性。

4.4.3　跟我学：了解 AutoGen 的 Extension 模块中的内置工具

AutoGen 的 Extension 模块提供了一系列可以与 AssistantAgent 协同工作的内置工具，极大地扩展了 Agent 的功能范围。这些工具涵盖了从处理图数据、发送 HTTP 请求到利用 LangChain 工具等多个方面。下面我们将详细介绍这些工具，并在后文通过实例展示如何使用它们。这些工具描述如下。

- GraphRAG　这个工具集允许用户使用 GraphRAG 索引处理图数据。GraphRAG 是微软的 RAG 系统框架，用于在大规模图数据集中进行高效的信息检索。
- HTTP　提供了执行 HTTP 请求的能力，使得 Agent 能够与外部服务交互，获取或发送数据。这对于集成第三方 API 或从网络资源中提取信息非常有用。
- LangChain　作为 LangChain 工具的适配器，它使 AssistantAgent 能够利用 LangChain 平台提供的各种功能，包括但不限于文本生成、问答等。
- MCP　此工具集专为使用 Model Chat Protocol (MCP) 服务器而设计。MCP 是一种协议，旨在促进模型与客户端之间的通信，支持更加灵活和强大的对话式应用开发。

4.4.4　跟我做：自定义和使用 HTTP 工具获取 IP 地址

下面通过一个具体的例子来展示如何定义和使用 HTTP 工具来获取自己的 IP 地址。

由于 HTTP 工具属于 AutoGen 的 Extension 模块，该模块默认是不被安装的，需要单独安装，具体命令如下：

```
pip install -U "autogen-ext[http-tool]"
```

在安装完 HTTP 工具之后，就可以编写代码了。首先，定义一个 JSON Schema，用于描述工具的输入参数。具体代码如下：

代码文件 code_4.4.4_ 自定义和使用 HTTP 工具获取 IP 地址 .py：（扫码下载）

```
import asyncio
from autogen_agentchat.agents import AssistantAgent
```

```
from autogen_agentchat.messages import TextMessage
from autogen_core import CancellationToken
from autogen_ext.models.openai import OpenAIChatCompletionClient
from autogen_ext.tools.http import HttpTool
import os
ip_schema = {
    "type": "object",
    "properties": {},
    "required": [],
}
```

接下来，我们使用 HttpTool 类来创建一个 HTTP 工具，用于获取自己的 IP 地址。具体代码如下：

代码文件 code_4.4.4_ 自定义和使用 HTTP 工具获取 IP 地址 .py（续）：（扫码下载）

```
ip_tool = HttpTool(
    name="get_ip",
    description="Get your public IP address",
    scheme="https",
    host="api.ipify.org",
    port=443,
    path="/",
    method="GET",
    json_schema=ip_schema,
    return_type="text",  # 因为返回的是纯文本格式的IP地址
)
```

在这个配置中，指定了目标 API 的地址为“api.ipify.org”，这是一个可以获取公共 IP 地址的公开 API。我们使用 HTTP GET 请求方法，并且不需要任何路径参数或请求体。然后，将这个工具集成到 AssistantAgent 中。具体代码如下：

代码文件 code_4.4.4_ 自定义和使用 HTTP 工具获取 IP 地址 .py（续）：（扫码下载）

```
async def main():
    # 初始化模型客户端
    model_client = OpenAIChatCompletionClient(
        model="gemini-2.0-flash",
        api_key=os.getenv("GEMINI_API_KEY"),  # 确保在环境中设置了GEMINI_
API_KEY
    )
    #创建一个包含获取IP工具的助手
    assistant = AssistantAgent("assistant",
model_client=model_client, tools=[ip_tool])
    #用户请求获取自己的IP地址
```

```
    response = await assistant.on_messages(
        [TextMessage(content="What's my IP address?", source="user")],
        CancellationToken(),    )
    print(response.chat_message.content)

asyncio.run(main()) #运行代码
```

代码运行后，输出结果：

```
104.28.210.47
```

在实际开发中，我们可以通过多种方式让助手调用工具。本例所演示的直接使用 HttpTool 类来定义和调用工具的方式相对更加底层，能够提供更精确的控制。当然，如果希望简化操作，也可以选择将调用 HTTP API 的代码封装到 Python 函数中，然后让 AutoGen 自动将其转换为工具。不过，这种方式在某些特定场景下可能会存在局限性。

当工具的使用逻辑较为复杂，或者需要对请求的细节进行精细控制时，AutoGen 自动转换工具的字符串可能无法完全满足需求。例如，当工具需要处理复杂的请求头、自定义的参数结构，或者需要在请求前对数据进行特殊的预处理时，自动转换可能无法准确地捕捉到这些细节。这个时候，使用更加底层的调用方式，如直接使用 HttpTool 类，就可以让我们对工具的行为进行精确的控制，确保其按照预期的方式工作。

例如，我们要创建一个工具，用于向一个需要特定认证头的 API 发送请求，这个 API 要求在请求头中包含一个特定格式的授权令牌，同时请求体需要按照特定的结构进行组织。在这种情况下，如果我们仅仅依赖 AutoGen 自动转换工具的字符串，可能无法准确地设置请求头和请求体的格式。而通过直接使用 HttpTool 类，我们可以明确地指定请求头中的授权令牌，并且可以精确地定义请求体的结构，从而确保工具能够正确地与 API 进行交互。

4.4.5　跟我学：获得更多免费工具 API 的方法

工具 API 在数据集成和系统互操作性方面发挥了重要作用。在企业级应用中，通常需要整合多个系统和数据源，而 API 为这些系统之间的通信提供了标准化的接口。无论是内部系统之间的数据交换，还是与外部合作伙伴的数据共享，都可以通过 API 实现无缝连接。

在使用第三方 API 时，免费且实用的 API 往往是程序员的首选，因为它们可以让开发者零成本试验新功能。然而，找到大量好用的免费 API 并非易事，这往往让人感到头疼。

本书在这里整理了一些免费的 API 平台。这些平台不仅丰富了 API 选择，还为开发者提供了便捷的接口资源，助力他们高效地进行开发和测试。具体如下。

- 山河 API　提供稳定、快速的免费 API 数据接口服务，服务器采用国内高防架构，能够保证稳定运行。目前共收录了 142 个接口，涵盖多个领域。平台致力于为用户提供优质的免费 API 服务，帮助开发者更方便地获取所需数据。无需注册，直接使用。
- UomgAPI　提供了 50 多个免费的 API，包括 IP 地址查找、音乐获取、图片获取等工具，无需注册，直接使用。
- 幂简集成　汇总了全网五千余个 API HUB 接口，一千五百余家 API 服务商，为企业利用 API 进行数字化转型提供解决方案。未来还将添加试用、便捷集成等功能。需要注册，访问时需传入注册信息的密钥。
- public-apis　提供经过精心整理的免费 API 列表，适用于软件和网页开发。它涵盖了各类 API，包括商业、娱乐和数据等，仓库结构清晰，分类如“认证与授权”“书籍”“游戏与漫画”等，方便开发者找到合适的 API。每个条目提供 API 文档的链接，并指明是否需要认证。

下面以山河 API 为例，介绍如何使用其工具获得天气。首先打开山河 API 的网页，在搜索栏里，输入“天气”找到“天气查询”工具。如图 4-3 所示。

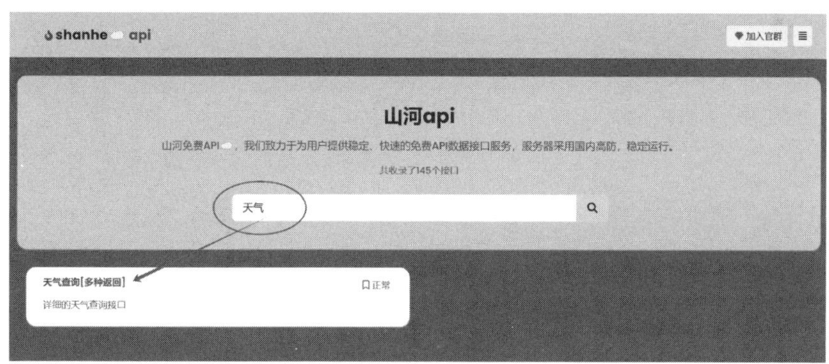

图 4-3　查找“天气查询”工具

然后根据弹出的页面中的 API 介绍，编写如下代码：

代码文件 code_4.4.5_ 获得更多免费工具 API 的方法 .py（部分）:（扫码下载）

```
import requests
def get_weather_info(city):
    url = f"http://山河API接口地址?city={city}"
```

```
        response = requests.get(url)

        if response.status_code == 200:
            data = response.json()

            if data.get("code") == 1: # 检查是否成功获取数据
                weather =  data["data"]
                current_weather = weather.get("current", {})
                print(f"城市: {current_weather.get('city')}")
                print(f"温度: {current_weather.get('temp')}° C")
                print(f"天气状况: {current_weather.get('weather')}")
                print(f"湿度: {current_weather.get('humidity')}")
                print(f"风速: {current_weather.get('windSpeed')}")
                print(f"能见度: {current_weather.get('visibility')}km")
                print(f"空气质量指数: {current_weather.get('air')}")
                print(f"PM2.5浓度: {current_weather.get('air_pm25')}")
                print(f"获取时间: {current_weather.get('time')}")
            else:
                print("未能成功获取数据: ", data.get("text"))
        else:
            print(f"请求失败，状态码: {response.status_code}")

# 调用函数
get_weather_info(city = "北京")
```

代码运行后，可以看到系统输出了北京当前的天气，具体如下：

```
城市: 北京
温度: 17.4° C
天气状况: 多云
湿度: 23%
风速: 2级
能见度: 7km
空气质量指数: 105
PM2.5浓度: 105
获取时间: 14:00
```

这里介绍一个简单的编码方式，可以将所介绍 API 的 URL 复制一份，直接输入到大模型里，让它写一个调用该接口的 Python 程序，以快速完成 API 工具的编写。

4.4.6　跟我学：AutoGen 中的并行控制

在多工具场景下，AutoGen 中的 AssistantAgent 默认会并行地调用这些工具以提高效率和响应速度。

然而，在某些情况下，我们可能希望禁用并行工具调用。例如，当这些工具有可能产生副作用，且这些副作用可能会相互干扰时，或者当需要确保 Agent 行为在不同的模型间保持一致时。这种禁用设置应当在模型客户端层面进行调整。

在 OpenAIChatCompletionClient 和 AzureOpenAIChatCompletionClient 类实例化时，通过设置 parallel_tool_calls=False 即可关闭并行调用功能。具体代码如下:

代码文件 code_4.4.6_Autogen 中的并行控制 .py（部分）:（扫码下载）

```
    # 初始化模型客户端
    model_client_no_parallel_tool_call = OpenAIChatCompletionClient(
        model="gemini-2.0-flash",
        api_key=os.getenv("GEMINI_API_KEY"),   # 确保在环境中设置了GEMINI_API_
KEY
        parallel_tool_calls=False,   # 禁用并行工具调用
    )
```

4.4.7　跟我做：在 Agent 中限制工具调用的频率

对于一些可能会被频繁调用的工具，可以设置调用频率限制。例如，使用一个计数器来记录工具的调用次数，并在一定时间内限制其调用次数。以下是一个简单的示例。

修改 4.3.2 节中示例代码，为其添加调用工具“get_air_quality”的频率限制。具体步骤如下。

① 定义 defaultdict 类型变量“tool_call_counts”。记录每个工具的调用次数。

② 定义字典“tool_call_limits”。存储每个工具的调用限制规则，格式为 {tool_name: (limit, period)}。

③ 定义函数 tool_call_timestamps。记录每个工具每次调用的时间戳，用于精确计算时间窗口内的调用次数。

④ 定义函数 limit_tool_calls。设置指定工具的调用频率限制，包括每小时最多调用次数和时间窗口长度。

⑤ 定义 check_tool_call_limit 函数。检查指定工具是否超过调用限制。它通过计算当前时间窗口的开始时间，并统计该时间窗口内的调用次数来判断是否超过限制。

具体代码如下:

```
    #创建get_air_quality、model_client、agent部分代码请参考4.3.2节
    ……
    tool_call_counts = defaultdict(int)
```

```
tool_call_limits = {}  # 存储工具的调用限制，格式为 {tool_name: (limit, period)}

def limit_tool_calls(tool_name, limit, period_minutes):
    tool_call_limits[tool_name] = (limit, period_minutes)

def check_tool_call_limit(tool_name):
    now = datetime.now()
    limit, period_minutes = tool_call_limits.get(tool_name, (None, None))
    if limit is not None and period_minutes is not None:
        # 计算时间窗口的开始时间
        window_start = now - timedelta(minutes=period_minutes)
        # 统计当前时间窗口内的调用次数
        calls_in_window = sum(
            1 for timestamp in tool_call_timestamps[tool_name]
            if timestamp >= window_start
        )
        if calls_in_window >= limit:
            return False  # 超过限制
    return True  # 未超过限制
```

在 main 函数中，我们首先设置工具的调用频率限制。然后，根据用户输入判断是否需要调用空气质量工具。如果未超过调用限制，则记录调用时间并调用工具；如果超过限制，则提示用户稍后再试。具体代码如下：

代码文件 code_4.4.7_ 在 Agent 中限制工具调用的频率 .py（部分）：（扫码下载）

```
tool_call_timestamps = defaultdict(list)
async def main():
    tool_name = "air_quality_tool"
    limit_tool_calls(tool_name, 5, 60)  # 每小时最多调用5次

    user_input = "北京空气怎么样?"
    if "空气" in user_input.lower():
        if check_tool_call_limit(tool_name):
            # 记录调用时间
            tool_call_timestamps[tool_name].append(datetime.now())
            # 调用天气工具
            response = await agent.on_messages(
                [TextMessage(content=user_input, source="user")],
                CancellationToken(),
            )
```

```
                print(response.chat_message.content)
            else:
                print("Tool call limit exceeded. Please try again
later.")
        else:
            print("Handling other types of requests...")

    asyncio.run(main())
```

通过这种方式，我们可以在 Agent 中有效地限制工具的调用频率，避免资源过度消耗和达到外部 API 的调用限制。

4.4.8 跟我学：优化工具使用策略

在使用 AutoGen 的过程中，优化工具的使用策略对于提高 Agent 的效率和准确性至关重要。下面将探讨一些常见的优化技巧，并通过实例来展示如何应用这些策略。

（1）减少不必要的工具调用

在设计 Agent 时，要仔细分析任务需求，确保 Agent 只在必要时调用工具。例如，对于简单的文本处理任务，如文本校对或格式调整，Agent 可以直接利用内置的文本处理功能完成，而无需调用复杂的外部 API 工具，以避免不必要的计算负担和延迟。

通过在代码中添加逻辑判断，可以有效控制工具调用的时机。例如，只有在用户输入符合特定条件时，才调用相应的工具。以下是一个示例：

```
async def main():
    user_input = "What's the weather in London?"
    # 判断用户是否询问天气
    if "天气" in user_input.lower():
        # 调用天气工具
        response = await assistant.on_messages(
            [TextMessage(content=user_input, source="user")],
            CancellationToken(),
        )
        print(response.chat_message.content)
    else:
        # 处理其他类型的请求
        print("Handling other types of requests...")
```

（2）合理管理工具参数

根据任务需求，精确设置工具的参数值。例如，在使用搜索工具时，合理设置搜索关键词和搜索范围，以获取更准确的结果。以下是一个示例：

```
def get_search_parameters(user_input):
    # 分析用户输入，提取搜索关键词
    keywords = extract_keywords(user_input)
    # 设置搜索范围
    search_scope = "web"  # 或者是 "image", "news" 等
    return {"keywords": keywords, "scope": search_scope}

def extract_keywords(text):
    # 实现关键词提取逻辑
    # 这里可以使用自然语言处理库，如NLTK或SpaCy
    return ["weather", "London"]  # 示例关键词
```

（3）并行工具调用的合理使用

虽然并行工具调用可以提高效率，但在某些情况下可能会导致工具之间的干扰或资源竞争。因此，需要根据具体任务和工具的特点，合理决定是否使用并行调用。例如，当工具之间没有依赖关系且不会相互影响时，可以使用并行调用；而对于需要共享资源或有依赖关系的工具，应避免并行调用。

（4）工具的定期更新与维护

保持工具的更新，确保其性能和功能处于最优状态。及时修复工具中的漏洞或问题，以提高工具的稳定性和可靠性。可以设置定期检查工具更新的任务，如下所示：

```
import schedule
import time

def check_tool_updates():
    # 实现检查工具更新的逻辑
    print("Checking for tool updates...")
    # 这里可以添加代码，检查工具的更新信息并进行相应的更新操作

# 每天检查一次工具更新
schedule.every().day.at("00:00").do(check_tool_updates)

while True:
    schedule.run_pending()
    time.sleep(1)
```

（5）常用的组合

在实际开发中，常常将 AssistantAgent、工具、与反思三者交替循环进行调用。即 AssistantAgent 每执行一步：一次模型调用，随后是一次工具调用（或并行工具调用），接着是一次可选的反思。该循环会一直进行，直到它停止产生工具调用为止。有关这方面的内容，会在后面介绍单 Agent 团队相关内容时

详细讲解。

4.5 高级功能与性能优化

前几节介绍了 AutoGen 的基础知识，包括 AgentChat、消息机制、内部事件，以及如何利用工具扩展 Agent 的能力。掌握这些基础知识后，便可进一步探索 AutoGen 的高级功能，并通过优化技巧来提升 Agent 系统的性能。本节将深入探讨模型上下文管理、结构化输出、流式输出等高级特性，并结合实际案例，展示如何构建更强大、更高效的 Agent。

4.5.1 跟我做：实现多轮对话获取真实天气

本节目标为通过合理管理对话历史，实现多轮对话。以创建一个智能家居场景中的“天气查询助手”为例，它不仅能回答当前的天气情况，还能根据之前的对话内容进行后续的问答，例如用户先问“北京天气怎么样？”，然后问“盖州呢？”。具体步骤如下。

① 定义工具函数。首先定义一个用于查询天气的工具函数（此处参考 4.4.5 节，使用山河 API 来实现获取真实的天气）。具体代码如下：

代码文件 code_4.5.1_ 实现多轮对话获取真实天气 .py：（扫码下载）

```
import asyncio

from autogen_agentchat.agents import AssistantAgent
from autogen_agentchat.messages import TextMessage
from autogen_core import CancellationToken
from autogen_ext.models.openai import OpenAIChatCompletionClient
from autogen_ext.tools.http import HttpTool
import os
import requests

def get_weather_info(city: str)-> dict:
    """
    模拟根据地点和日期查询天气。
    Args:
        city: 城市地点
    Returns:
        返回的天气信息。
    """
    url = f"http://[REDACTED]/tianqi.php?city={city}"
```

```
    response = requests.get(url)
    current_weather ={}
    if response.status_code == 200:
        data = response.json()
        if data.get("code") == 1:  # 检查是否成功获取数据
            weather =  data["data"]
            current_weather = weather.get("current", {})

        else:
            print("未能成功获取数据：", data.get("text"))
    else:
        print(f"请求失败，状态码：{response.status_code}")
    return current_weather
```

上面代码中，定义了函数“get_weather_info”，该函数将调用山河 API 的天气查询 API，并将得到的结果以字典形式返回。

② 创建 AssistantAgent。使用 AssistantAgent 创建一个智能助手，并配置必要的参数，例如模型客户端、工具等。这部分代码相对比较固定。具体代码如下：

代码文件 code_4.5.1_ 实现多轮对话获取真实天气 .py：（扫码下载）

```
# 初始化模型客户端
model_client = OpenAIChatCompletionClient(
    model="gemini-2.0-flash",
    api_key=os.getenv("GEMINI_API_KEY"),  # 确保在环境中设置了GEMINI_API_
KEY
)

# 创建AssistantAgent
agent = AssistantAgent(
    name="weather_assistant",
    model_client=model_client,
    tools=[get_weather_info],
    reflect_on_tool_use=True,
    system_message="你是一个天气查询助手。使用工具查询天气，并且你能够理解上下
文并处理多轮对话。",
)
```

需要注意的是，由于工具“get_weather_info”返回的是一个字典对象。所以，此处实例化 AssistantAgent 时，得设置 reflect_on_tool_use=True，使其具有反思能力。这样得到的结果才不会过于生硬。

③ 处理多轮对话。使用 on_messages 方法处理用户输入的消息。该方法会自动维护对话历史，使智能助手能够理解上下文，进行多轮对话。具体代码如下：

代码文件 code_4.5.1_ 实现多轮对获取真实天气 .py：（扫码下载）

```
async def handle_conversation():
    # 第一轮对话

    response = await agent.on_messages(
        [TextMessage(content="北京今天天气怎么样？", source="user")],
        cancellation_token=CancellationToken(),
    )
    print(response.chat_message.content)
    # 第二轮对话
    response = await agent.on_messages(
        [TextMessage(content="盖州呢？", source="user")],
        cancellation_token=CancellationToken(),
    )
    print(response.chat_message.content)

# 使用asyncio.run(handle_conversation()) 在脚本中运行
import asyncio
asyncio.run(handle_conversation())
```

上面代码，在“handle_conversation”函数中，调用了两次 agent.on_messages，实现了两轮对话。代码运行后，输出结果如下：

```
今天北京多云，东南风2级，能见度7公里，湿度22%。气温18.2摄氏度，空气质量指数114。
今天盖州是晴天，东风3级，能见度30公里，湿度13%。气温11.8摄氏度，空气质量指数29。
```

可以看到，在第二轮的问题“盖州呢？”输入之后，系统自动理解，用户是要问盖州的天气了。

4.5.2 跟我学：掌握模型上下文管理

在多轮对话系统中，模型对上下文的理解和处理至关重要。以下将深入探讨如何通过合理管理模型上下文，提升智能助手在多轮对话中的表现。我们将以智能家居助手为例，逐步剖析模型上下文管理的原理与实践。

（1）模型上下文管理的核心概念

模型上下文管理是多轮对话系统中一个关键的技术环节。它决定了模型在生成回复时能够参考哪些对话历史信息。在实际应用中，对话往往包含多个轮次的交互，模型需要理解并记住之前的内容，才能给出连贯且符合逻辑的回复。例如，当用户先询问“北京今天天气怎么样？”，随后又问“盖州呢？”，模型需要知道用户是在继续询问天气，并且是针对盖州的天气情况。

在 AutoGen 中，AssistantAgent 提供了一个 model_context 参数，用于指定模型上下文的管理方式。通过这个参数，可以传入一个 ChatCompletionContext 对象，从而灵活地控制模型在生成回复时所参考的上下文范围。这使得开发人员能够根据具体的应用场景和需求，优化模型的对话表现。

（2）不同的模型上下文策略及其适用场景

在实际应用中，选择合适的模型上下文策略对于提升对话系统的性能和用户体验至关重要。AutoGen 提供了两种主要的模型上下文策略：UnboundedChatCompletionContext 和 BufferedChatCompletionContext。每种策略都有其独特的适用场景和优势。

UnboundedChatCompletionContext 是默认的上下文管理方式，它会将完整的对话历史发送给模型。这种方式适用于需要模型全面理解对话背景的场景。例如，在复杂的多轮对话中，模型可能需要参考之前的多轮对话内容来准确把握用户的意图。然而，这种方式可能会导致上下文窗口过大，增加计算资源的消耗，并且在对话历史非常长的情况下，可能会影响模型的响应速度。

相比之下，BufferedChatCompletionContext 则提供了一种更为灵活的上下文管理方式。它允许我们限制发送给模型的上下文范围，仅保留最近的若干消息。这种方式在对话历史较长但模型上下文窗口有限的情况下非常有用。通过限制上下文范围，我们可以减少不必要的计算资源消耗，同时提高模型的响应速度。例如，在一些简单的查询场景中，用户可能只需要参考最近几轮对话内容即可完成任务，此时使用 BufferedChatCompletionContext 可以有效提升效率。

（3）模型上下文管理的具体方法

使用 BufferedChatCompletionContext 来限制模型的上下文范围的方法非常简单，只需要在 AssistantAgent 实例化时，设置 model_context 参数即可。以 4.5.1 节的代码为例，修改其 AssistantAgent 实例化代码，具体如下：

```
    agent = AssistantAgent(
        name="weather_assistant",
        model_client=model_client,
        tools=[get_weather_info],
        reflect_on_tool_use=True,
        system_message="你是一个天气查询助手。使用工具查询天气，并且你能够理解上下
文并处理多轮对话。",
    model_context=BufferedChatCompletionContext(buffer_size=5),  # 只使用最
后5条对话记录
    )
```

上面代码中，为 model_context 参数设置了“BufferedChatCompletionContext(buffer_size=5)”，表明只是使用 5 条最近的对话记录，从而实现上下文的限制。这种方式在对话历史较长的情况下，可以有效减少上下文窗口的大小，提高模型的响应速度，同时避免不必要的计算资源消耗。

（4）深入剖析：模型上下文管理的原理与影响

模型上下文管理的原理在于对对话历史的筛选和控制。在多轮对话系统中，对话历史往往包含大量的信息，而模型在生成回复时并不需要参考所有的历史信息。通过合理管理上下文，我们可以让模型专注于最相关的信息，从而提高对话的连贯性和准确性。

BufferedChatCompletionContext 的实现原理是维护一个固定大小的缓冲区，每当有新的对话消息进入时，缓冲区中的旧消息就会被移除，以保持缓冲区的大小不变。这种方式类似于滑动窗口机制，确保模型始终参考的是最近的对话内容。这种方法在实际应用中非常有效。

然而，需要注意的是，过度限制上下文范围可能会导致模型丢失重要的背景信息。因此，在实际应用中，需要根据具体场景和需求，合理设置缓冲区的大小。例如，在一些需要长时间记忆的场景中，可能需要适当增加缓冲区的大小，以确保模型能够获取足够的上下文信息。

（5）思考与拓展：如何选择合适的上下文管理策略

在实际开发中，选择合适的上下文管理策略需要综合考虑多个因素。

首先，要明确应用场景和用户需求。如果用户经常进行多轮复杂对话，可能需要使用 UnboundedChatCompletionContext 来确保模型能够全面理解对话背景。反之，如果对话较为简单，使用 BufferedChatCompletionContext 可以有效提升效率。

其次，要考虑模型的性能和资源限制。如果模型的上下文窗口较大且计算资源充足，使用完整的对话历史可能不会带来明显的性能问题。然而，在资源有限的情况下，限制上下文范围可以显著提高模型的响应速度和资源利用率。

最后，可以通过实验和数据分析来验证不同策略的效果。在实际应用中，可以尝试不同的上下文管理策略，收集用户反馈和系统性能数据，从而找到最适合当前应用场景的解决方案。

总之，模型上下文管理是多轮对话系统中的一个重要环节，通过合理选择和配置上下文管理策略，我们可以显著提升智能助手的对话表现和用户体验。

4.5.3　跟我做：使用结构化输出实现可以分析用户意图的智能家居 Agent

在多轮对话系统中，结构化输出是个非常重要的功能。结构化输出允许模型以预定义的格式返回数据，通常是以 JSON 格式，这使得程序能够更方便地处理和利用模型的响应。

以下将通过一个具体的例子，展示如何在AutoGen中使用结构化输出功能。我们将创建一个智能家居助手，它可以理解用户的自然语言指令，并以结构化的方式返回响应。具体步骤如下。

① 定义结构化输出格式。首先，需要定义一个Pydantic模型来描述期望的响应格式。这个模型将包含两个字段：一个是该智能家居助手的思考过程（thoughts）；另一个是最终的响应内容（response）。通过输出该助手的思考过程，可以侧面分析其对用户指定的意图的分析是否到位，这样的设计可以帮助我们更好地理解助手是如何根据用户输入做出决策的。具体代码如下：

代码文件code_4.5.3_使用结构化输出实现可以分析用户意图的智能家居Agent.py：（扫码下载）

```
import asyncio
from autogen_agentchat.agents import AssistantAgent
from autogen_agentchat.messages import TextMessage
from autogen_core import CancellationToken
from autogen_ext.models.openai import OpenAIChatCompletionClient
from autogen_ext.tools.http import HttpTool
import os

import requests

from pydantic import BaseModel
from typing import Literal

class SmartHomeResponse(BaseModel):
    thoughts: str  # 助手的思考过程
    response: Literal["ok", "error"]  #响应状态
    action: str  # 执行的操作
```

② 创建支持结构化输出的Agent。创建一个AssistantAgent，它将使用我们刚刚定义的结构化输出格式。在这个例子中，使用谷歌的Gemini模型作为的语言模型。具体代码如下：

代码文件code_4.5.3_使用结构化输出实现可以分析用户意图的智能家居Agent.py(续)：（扫码下载）

```
from autogen_agentchat.agents import AssistantAgent
from autogen_ext.models.openai import OpenAIChatCompletionClient
from google import genai  # 假设我们使用谷歌的Gemini模型

# 初始化模型客户端
model_client = OpenAIChatCompletionClient(
    model="gemini-2.0-flash",
    api_key=os.getenv("GEMINI_API_KEY"),  # 确保在环境中设置了GEMINI_API_
```

```
KEY
        response_format=SmartHomeResponse  # 指定结构化输出格式
    )

    # 创建AssistantAgent，指定结构化输出格式
    agent = AssistantAgent(
        name="smart_home_assistant",
        model_client=model_client,
        system_message="你是一个智能家居助手，能够理解用户的指令并执行相应的操作。",
    )
```

在创建 model_client 时，将定义好的 SmartHomeResponse 类赋值给 response_format 参数，即可完成指定结构化格式的输出设置。

③ 使用结构化输出处理用户指令。使用这个 Agent 来处理用户的指令。用户可以输入自然语言的指令，比如“打开客厅的灯”，Agent 将返回一个结构化的 JSON 响应，告诉我们它理解了用户的意图，并将执行相应的操作。具体代码如下：

代码文件 code_4.5.3_ 使用结构化输出实现可以分析用户意图的智能家居 Agent.py(续)：(扫码下载)

```
    async def handle_smart_home_command():
        # 用户输入指令
        user_input = "请打开客厅的灯"

        # 使用Agent处理指令
        response = await agent.on_messages(
            [TextMessage(content=user_input, source="user")],
            cancellation_token=CancellationToken()
        )

        # 输出结构化响应
        print(response.chat_message.content)

    # 使用asyncio.run() 在脚本中运行
    import asyncio
    asyncio.run(handle_smart_home_command())
```

代码运行后，输出结果如下：

```
{
  "action": "turn_on_light",
  "response": "ok",
  "thoughts": "Turning on the living room lights."
}
```

从结果可以看出，在 thoughts 字段里，分析出了用户的意图是要打开客厅

的灯。这种结构化输出的结果非常适合在大型系统中，与后续的其他模块结合。其他模块可以直接解析返回结果中的执行的操作（action），来做具体的操作。

4.5.4　跟我做：实现流式输出的 Agent

在某些场景下，需要 Agent 逐步接收模型的响应，而不是一次性获取完整的回复。这时，可以使用流式传输功能。

流式传输允许程序逐步接收模型生成的响应，这对于处理长文本或者需要实时更新的场景非常有用。

通过设置 model_client_stream=True，可以让 Agent 逐步生成响应，并实时打印出来。具体步骤如下。

① 构建流式 Agent。为了能有更好的演示效果，本例将使用本地 Ollama 部署的 Qwen-32B 模型作为流式 Agent 的客户端，同时设置该客户端生成格式化数据，具体代码如下：

代码文件 code_4.5.4_ 实现流式输出的 Agent.py：（扫码下载）

```
import asyncio
from autogen_agentchat.agents import AssistantAgent
from autogen_agentchat.messages import TextMessage
from autogen_core import CancellationToken
from autogen_ext.models.openai import OpenAIChatCompletionClient
from autogen_ext.tools.http import HttpTool
import os
from autogen_agentchat.base import Response
import requests

from pydantic import BaseModel
from typing import Literal

class SmartHomeResponse(BaseModel):
    thoughts: str  # 助手的思考过程
    response: Literal["ok", "error"]  # 最终的响应状态
    action: str  # 执行的操作

Ollama_model_client = OpenAIChatCompletionClient(
    model="qwen2.5:32b-instruct-q5_K_M",        #使用Qwen-32B模型
    base_url=os.getenv("OWN_OLLAMA_URL_165"), #从环境变量里获得Ollama地址
    api_key="Ollama",
    response_format=SmartHomeResponse,  # 指定结构化输出格式
    model_capabilities={
        "vision": False,
        "function_calling": True,
```

```
            "json_output": True,
        },
    )
    # 创建AssistantAgent，指定结构化输出格式
    streaming_agent = AssistantAgent(
        name="smart_home_assistant",
        model_client=Ollama_model_client,
        system_message="你是智能家居助手，能够理解用户的指令并执行相应的操作。",
        model_client_stream=True # 启用流式传输
    )
```

在实例化 AssistantAgent 时，需要将其 model_client_stream 参数设成 True，以启用流式传输。

② 输出流式数据。接下来，将继续编写代码，使用异步循环来接收“streaming_agent” Agent 的 on_messages_stream 方法吐出的流式数据。具体代码如下：

代码文件 code_4.5.4_ 实现流式输出的 Agent.py（续）：（扫码下载）

```
async def stream_smart_home_command():
    # 用户输入指令
    user_input = "请关闭所有电器"
    # 使用流式传输处理指令
    async for message in streaming_agent.on_messages_stream(
        [TextMessage(content=user_input, source="user")],
        cancellation_token=CancellationToken()  ):
        if isinstance(message, Response):
            print("\n",message.chat_message.content)  #输出最终结果
        else:
            print(message.content, end='')  # 每条消息后手动添加换行符

# 使用asyncio.run() 在脚本中运行
asyncio.run(stream_smart_home_command())
```

代码运行后，可以看到系统一个一个字地输出，最终结果如下：

```
{
  "thoughts": "用户希望关闭所有的电器。",
  "response": "ok",
  "action": "关闭所有电器"
}
```

4.5.5 跟我学：理解结构化和流式输出的原理与意义

结构化输出的核心在于定义一个清晰的响应格式，使得模型的输出更加规范和易于处理。通过使用 Pydantic 模型，我们可以确保模型的输出符合我们预定

义的格式，从而方便后续的处理。

流式传输则基于模型的逐步生成机制。模型在生成响应时，会逐步输出生成的令牌（tokens），而不是等待整个响应生成完毕后才返回。这种方式特别适用于需要实时反馈的场景，比如在线客服系统或者实时对话系统。

在智能家居场景中，结构化输出和流式传输可以发挥很大的作用。例如，当用户询问“今天的天气怎么样？”时，助手可以返回一个结构化的响应，包含天气状况、温度、湿度等信息。而当用户要求播放音乐时，助手可以通过流式传输逐步反馈播放进度，提升用户体验。

通过合理利用这些功能，我们可以构建更加智能、更加贴近用户需求的对话系统。

4.6　自定义 Agent 基础

在掌握了 AutoGen 的内置 Agent 类型、消息机制、内部事件以及工具的使用后，是时候更进一步探索 AutoGen 的强大扩展性了。通过自定义 Agent，能够根据特定需求创建具有独特行为和功能的 Agent。本节将通过一个简单示例，展示自定义 Agent 的创建过程，并深入解析其中的关键知识点，为构建更复杂的 Agent 系统奠定基础。

4.6.1　跟我做：创建简单的自定义 Agent

AgentChat 内部预设的 Agent（如 AssistantAgent）就像是多才多艺的通才，能够处理各种各样的任务。但是，当面对一些特殊的、高度定制化的需求时，通才可能就显得力不从心了。这时候，就需要请出“专家”——自定义 Agent（Custom Agents）。

为了更好地理解如何创建自定义 Agent，将创建一个简单的倒计时 AgentCountDownAgent。这个 Agent 的功能很简单：从给定的数字开始倒数到零，并在这个过程中产生一系列消息，显示当前的倒计时数字。以下是创建 CountDownAgent 的具体步骤。

① 定义类和初始化 。定义一个名为“CountDownAgent”的类，让它继承自 BaseChatAgent。在类的初始化方法 init 中，设置 Agent 的名称（name）、描述（description）和一个倒计时的起始数字（count）。具体代码如下：

代码文件 code_4.6.1_ 创建简单的自定义 Agent.py：（扫码下载）

```
import asyncio
from typing import AsyncGenerator, List, Sequence, Tuple

from autogen_agentchat.agents import BaseChatAgent
from autogen_agentchat.base import Response
from autogen_agentchat.messages import AgentEvent, ChatMessage,
TextMessage
from autogen_core import CancellationToken

class CountDownAgent(BaseChatAgent):
    def __init__(self, name: str, count: int = 3):
        """
        初始化CountDownAgent。

        参数:
            name (str): Agent的名称。
            count (int): 倒数开始的数字，默认为3。
        """
        super().__init__(name, "一个简单的倒计时Agent。")
        self._count = count  # 设置倒数的起始数字

    @property
    def produced_message_types(self) -> Sequence[type[ChatMessage]]:
        """
        返回Agent可以产生的消息类型。

        返回:
            Sequence[type[ChatMessage]]:包含TextMessage类型元组。
        """
        return (TextMessage,)
```

在上面代码中，通过 @property 装饰器为 CountDownAgent 定义 produced_message_types 属性，指定 CountDownAgent，Agent 可以生成 TextMessage 类型的消息。

② 实现 on_messages_stream 方法。on_messages_stream 方法是倒计时 Agent 的核心。它接收一系列消息（messages）和一个取消令牌（cancellation_token）作为输入。具体实现如下：

代码文件 code_4.6.1_创建简单的自定义 Agent.py（续）:（扫码下载）

```
    async def on_messages_stream(
            self, messages: Sequence[ChatMessage], cancellation_token:
CancellationToken
        ) -> AsyncGenerator[AgentEvent | ChatMessage | Response, None]:
        """
        流式处理消息，逐步生成倒计时消息。
```

```
        参数:
            messages (Sequence[ChatMessage]): 接收到的消息列表。
            cancellation_token (CancellationToken): 取消令牌。

        生成:
            AgentEvent | ChatMessage | Response: 每次迭代生成一条消息或响应。
        """
        inner_messages: List[AgentEvent | ChatMessage] = []
        for i in range(self._count, 0, -1):
            msg = TextMessage(content=f"{i}...", source=self.name)
            inner_messages.append(msg)
            yield msg  # 逐条发送倒计时消息
        # 在流结束时返回包含最终消息和所有内部消息的响应
        yield Response(chat_message=TextMessage(content="完成！",
source=self.name),
                            inner_messages=inner_messages)
```

在 on_messages_stream 方法内部，使用一个循环来生成倒计时消息。每次循环，都创建一个 TextMessage 对象，内容是当前的倒计时数字，并使用 yield 关键字将消息发送出去。当倒计时结束后，创建一个包含“完成！”消息的 Response 对象，并将其作为流的最后一个消息发送。

③ 实现 on_messages 方法。on_messages 方法调用 on_messages_stream，实现非流式调用。具体代码如下：

代码文件 code_4.6.1_ 创建简单的自定义 Agent.py（续）：（扫码下载）

```
    async def on_messages(self, messages: Sequence[ChatMessage],
cancellation_token: CancellationToken) -> Response:
        """
        处理接收到的消息，并调用on_messages_stream方法。

        参数:
            messages (Sequence[ChatMessage]): 接收到的消息列表。
            cancellation_token (CancellationToken): 取消令牌。

        返回:
            Response: 包含最终消息和所有内部消息的响应对象。
        """
        response: Response | None = None
        async for message in self.on_messages_stream(messages,
cancellation_token):
            if isinstance(message, Response):
                response = message
        assert response is not None
        return response
```

④ 实现 on_reset 方法。在这个例子中，倒计时 Agent 不需要在重置时执行任何特殊操作，所以 on_reset 方法保持为空。具体代码如下：

代码文件 code_4.6.1_ 创建简单的自定义 Agent.py（续）：（扫码下载）

```
    async def on_reset(self, cancellation_token: CancellationToken) ->
None:
            """
            重置Agent的状态。

            参数:
                cancellation_token (CancellationToken): 取消令牌。
            """
            pass  # 在这个例子中不需要做任何操作。
```

⑤ 运行 Agent。为了测试倒计时 Agent，创建一个“run_countdown_agent”函数。在这个函数中，实例化 CountDownAgent，然后调用它的 on_messages_stream 方法，并传入一个空列表（因为这个例子中不需要输入消息）和一个取消令牌。通过异步循环遍历 on_messages_stream 方法返回的生成器，可以逐条打印出 Agent 生成的消息。具体代码如下：

代码文件 code_4.6.1_ 创建简单的自定义 Agent.py（续）：（扫码下载）

```
    async def run_countdown_agent() -> None:
        """
        运行倒计时Agent并打印每条消息。
        """
        # 创建一个倒计时Agent实例
        countdown_agent = CountDownAgent("countdown")

        # 使用给定的任务运行Agent，并流式输出响应
        async for message in countdown_agent.on_messages_stream([],
CancellationToken()):
            if isinstance(message, Response):
                print(message.chat_message.content)  # 打印最终消息
            else:
                print(message.content)  # 打印每条倒计时消息

    # 确保在脚本中使用asyncio.run(...)来运行异步函数
    if __name__ == "__main__":
        asyncio.run(run_countdown_agent())
```

代码运行后，输出结果如下：

```
3...
2...
1...
完成!
```

这个例子展示了如何创建一个简单的自定义 Agent 来完成特定任务。在实际应用中，我们可以根据需求扩展此类 Agent 的功能，例如添加更多的交互逻辑、处理不同类型的消息，或者与其他系统进行集成。

接下来，我们将进一步探讨自定义 Agent 的理论基础和更广泛的应用场景，帮助读者深入理解其工作原理和潜在的应用可能性。

4.6.2　跟我学：自定义 Agent 的基本设计

在上一节中，我们通过一个简单的倒计时 Agent 示例，初步了解了如何创建自定义 Agent。本节将深入探讨自定义 Agent 的基本设计原理、种类、应用场景以及测试与优化的方法。

（1）自定义 Agent 的开发模式

从 4.6.1 节可以看到，自定义 Agent 的开发，有其固定的格式。所有 AgentChat 中的 Agent 都继承自 BaseChatAgent 类，这个类就像是一个“Agent 模板”，定义了 Agent 的基本行为。要创建一个自定义 Agent，就需要在这个模板的基础上，实现以下几个关键的方法和属性。

- on_messages 方法　这是 Agent 的核心，定义了 Agent 在收到消息后应该如何响应。当在 run 方法中要求 Agent 提供响应时，就会调用这个方法。它返回一个 Response 对象，告诉系统 Agent 的回复是什么。
- on_reset 方法　这个方法负责将 Agent 重置到初始状态。当需要清理 Agent 的记忆，让它重新开始时，就会调用这个方法。
- produced_message_types 列表　这个列表列出了 Agent 可以产生的消息类型。就像告诉别人，“我能说这种话”。

除了这些必须实现的方法外，还可以选择实现 on_messages_stream 方法。这个方法允许 Agent 在生成消息时，能够逐条发送，而不是一次性全部发送。如果选择不实现这个方法，Agent 会使用默认的 on_messages_stream 实现，它会调用 on_messages 方法，并将响应中的所有消息一次性发送。

（2）自定义 Agent 的应用场景

如果把自定义 Agent 想象成一个专为特定任务打造的机器人。它可能不像通才那样十八般武艺样样精通，但它在自己的领域里绝对是顶尖高手。例如，一个专门负责格式化文本输出的 Agent，或者一个只负责生成特定类型报告的 Agent。自定义 Agent 的种类繁多，每种类型都针对特定的任务或场景进行了优化。以下是一些常见的自定义 Agent 类型及其应用场景。

① 个性化客服 Agent。这种 Agent 能够根据用户的历史交互记录和偏好，

提供定制化的客户服务。它可以通过分析用户的购买历史、浏览行为等数据，主动推荐相关产品或解决方案，提升用户体验。

② 领域专家 Agent。针对特定专业领域（如医疗、法律、金融等），领域专家 Agent 具备深入的专业知识，能够回答专业问题、提供咨询建议或进行复杂的分析。例如，医疗领域的专家 Agent 可以根据症状描述提供初步诊断建议。

③ 智能家居控制 Agent。作为智能家居系统的中央控制器，这种 Agent 能够整合各种智能设备（如灯光、温度调节器、安全系统等），通过语音或文字指令进行集中控制，实现智能家居设备的协同工作。

④ 数据处理与分析 Agent。用于处理和分析大量数据集，执行数据清洗、统计分析、模式识别等任务。它可以帮助用户快速从海量数据中提取有价值的信息，辅助决策制定。

⑤ 教育辅导 Agent。在教育领域，辅导 Agent 可以为学生提供个性化的学习计划、解答学科问题、推荐学习资源等，并根据学生的学习进度和特点调整教学方法。

通过自定义 Agent 这种方式，可以灵活地定义 Agent 的行为、消息处理逻辑以及与其他系统或工具的交互方式。

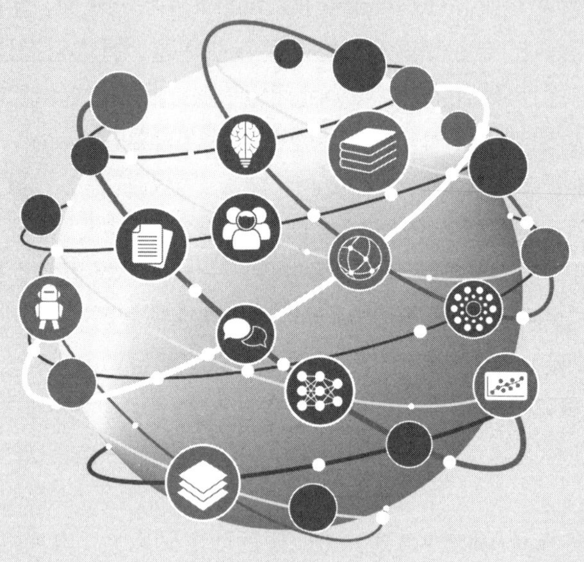

第 5 章 构建复杂的多 Agent 协作系统

本章专注于探索如何利用 AutoGen 框架构建高效的多 Agent 协作系统，通过详细实例和深入解析，展示从基础团队协作到高级状态管理的全方位技术细节。内容涵盖 RoundRobinGroupChat 的使用、人机协作机制、任务控制的终止条件、Agent 状态管理及用户偏好记忆的实现等多个方面。通过本章的学习，无论是开发能够自动处理待办事项的单 Agent 系统，还是构建支持复杂交互和反馈的多 Agent 平台，读者都将获得详尽指导，以掌握创建具备高度适应性和响应性的 Agent 协作环境所需的核心技能，提升在设计和实现智能、灵活的多 Agent 系统方面的能力。

AutoGen

5.1 构建高效团队协作

在掌握了单个 Agent 的构建和基本功能之后，是时候将目光投向更复杂的应用场景：如何构建由多个 Agent 协同工作的系统。多 Agent 系统能够模拟真实世界中的团队协作，每个 Agent 在其中扮演不同的角色，共同完成复杂任务。AutoGen 提供了强大的多 Agent 管理功能，使得构建和管理这类系统变得简单高效。

本节将重点介绍如何利用 AutoGen 构建多 Agent 协作系统，实现高效的团队工作模式。首先，通过一个具体的代码审查协作案例，来了解 RoundRobinGroupChat 这一关键组件的使用方法，展示多 Agent 协作的强大能力。

5.1.1 跟我做：用 RoundRobinGroupChat 实现代码审查协作

当任务比较复杂，需要多人协作以及利用不同领域的专业知识时，就应该使用团队协作。然而，与单个 Agent 相比，团队也需要更多的框架（scaffolding）来引导。虽然 AutoGen 简化了使用团队的过程，但对于较简单的任务，还是先从单个 Agent 开始，当单个 Agent 被证明不足以胜任时，再过渡到多 Agent 团队。在转向基于团队的方法之前，请确保已使用适当的工具和指令优化了单个 Agent。

在以下内容中，将展示如何使用 AutoGen 创建一个多 Agent 团队（或简称为团队），来实现代码审查的协作。一个团队是由多个 Agent 组成的，它们共同工作以实现一个共同的目标。具体步骤如下。

① 创建团队成员。在代码审查团队中包含两个成员：主评审 Agent（lead_reviewer）和辅助评审 Agent（assistant_reviewer）。它们共同的目标是确保代码质量，但各自承担不同的职责。具体如下。

- 主评审 Agent　专注于整体架构和逻辑的审查，提供代码功能和架构的高级概述，检查是否存在潜在的错误、安全漏洞或性能瓶颈，并就代码风格、可读性和可维护性提出改进建议。
- 辅助评审 Agent　关注细节，如代码格式是否符合项目规范，注释是否清晰简洁，并识别主评审 Agent 可能忽略的错误。

如果代码符合所有项目要求，并且不需要进一步修改，则主评审 Agent 在回复中包括“APPROVED”。

在代码实现时，两个成员分别使用 AssistantAgent 来创建，而终止条件则通过 TextMentionTermination 来实现，这个 TextMentionTermination 条件会在 Agent 的响应中检测到特定词语时停止团队协作。具体代码如下：

代码文件 code_5.1.1_ 用 RoundRobinGroupChat 实现代码审查协作 .py:（扫码下载）

```
import os
from autogen_agentchat.agents import AssistantAgent  # 导入助理Agent类
from autogen_agentchat.conditions import TextMentionTermination  #
导入终止条件
from autogen_agentchat.teams import RoundRobinGroupChat  # 导入轮询小
组聊天模式
from autogen_ext.models.openai import OpenAIChatCompletionClient  #
导入客户端模型
from autogen_agentchat.ui import Console
# 创建硅基流动客户端
Qwen_model_client = OpenAIChatCompletionClient(
    base_url="https://硅基流动接口地址",
    model='Qwen/Qwen2.5-7B-Instruct',  # 模型名称
    api_key=os.getenv("SILICON_FLOW_API_KEY"),  # 使用环境变量中的API密钥
    model_capabilities={
            "vision": False,
            "function_calling": True,
            "json_output": True,
        },
    # timeout = 30
)
# 创建Google Gemini模型客户端
model_client = OpenAIChatCompletionClient(
    model="gemini-2.0-flash",  # 模型名称
    api_key=os.getenv("GEMINI_API_KEY"),  # 使用环境变量中的API密钥
)

# 创建代码主评审Agent
lead_reviewer = AssistantAgent(
    "lead_reviewer",
    model_client=Qwen_model_client,
    system_message="""你是主要代码审查员。你的任务是审查代码以发现潜在问题，提
出改进建议，并确保其符合项目标准。""",
)

# 创建代码辅助评审Agent
assistant_reviewer = AssistantAgent(
    "assistant_reviewer",
```

```
        model_client=model_client,
        system_message="""你是助理代码审查员。通过检查代码格式、识别可能的错误以及验证文档是否完整来协助主要审查员。
        如果代码满足所有项目要求且无需进一步修改，请在回复结尾处包含"APPROVED".""",
    )
    # 定义终止条件，当主评审Agent在回复中提到"APPROVED"时停止
    text_termination = TextMentionTermination("APPROVED")
```

在上面代码中，“lead_reviewer” Agent 使用了硅基流动接口中的 Qwen2.5-7B 模型，“assistant_reviewer” 使用了谷歌接口中的 Gemini-2.0-flash 模型。通过这种设置实现两个不同模型对同一任务进行处理，得到最优结果。

② 组建团队并运行。使用 RoundRobinGroupChat 可以将两个成员组合成一个团队。这种方式确保了所有 Agent 共享相同的上下文，并按照轮询的顺序依次响应。在每次代码审查任务中，主评审 Agent 和辅助评审 Agent 轮流发表意见，既保证了审查的全面性，又避免了重复工作。

RoundRobinGroupChat 是一种简单而有效的团队配置，所有 Agent 共享相同的上下文并轮流响应。每个 Agent 在其轮次中将其响应广播给其他所有 Agent，从而确保整个团队保持一致的上下文。具体用法参考如下代码：

代码文件 code_5.1.1_ 用 RoundRobinGroupChat 实现代码审查协作 .py（续）：（扫码下载）

```
    # 创建代码审查团队
    code_review_team = RoundRobinGroupChat([lead_reviewer, assistant_reviewer], termination_condition=text_termination)

    # 提供代码片段，模拟代码待审查场景
    code_snippet ="""
    def login(user, password):
        if user == "admin" and password == "admin123":
            return True
        else:
            return False
    """
    # 启动代码审查任务
    async def run_review():
        stream = await Console(code_review_team.run_stream(task=f"审查以下Python代码片段:\n\n{code_snippet}"))
        return stream
    # 使用asyncio.run() 在脚本中运行
    import asyncio
    result = asyncio.run(run_review())
```

在实际的软件开发项目中，代码审查团队可以应用于多种场景。例如，在一个大型的 Web 应用程序开发中，团队可以定期对核心模块的代码进行审查，确保其符合最佳实践和项目标准。通过多 Agent 的协作，可以快速发现代码中的潜在问题，并提出针对性的优化建议。

上面代码中，以一个用户认证模块的代码片段为例，将该部分代码赋值给 code_snippet 变量，接着用团队“code_review_team”进行审核。

代码运行后，输出结果如下：

```
---------- user ----------
审查以下Python代码片段:
def login(user, password):
    if user == "admin" and password == "admin123":
        return True
    else:
        return False

---------- lead_reviewer ----------
这段代码用于简单的登录验证，但存在一些潜在的安全和逻辑问题。以下是我的审查意见和建议:

1. **硬编码凭据**: "admin"和"admin123"硬编码在这个函数中。这在安全性方面是个大问题，因为一旦代码泄露，这些凭据也会被泄露。应当考虑从配置文件或其他安全的来源获取它们。
2. **简单匹配逻辑**: 当前代码直接在验证用户名和密码时使用了简单的if-else逻辑。虽然这很简单，但如果实际需求涉及到用户数据库或者其他复杂的验证逻辑，需要扩展这个函数。
......
5. **模版建议**: 虽然对于简单的登录情况已经足够，但从长远考虑，可能需要增强安全性。推荐使用像bcrypt库来安全地处理密码，采用表单输入验证，以及设置会话管理机制以减少易受攻击性等。
改进后的代码示例可能会这样:
python
import bcrypt

class UserAuth:
    def __init__(self, admin_username, admin_password):
        self.admin_username = admin_username
        self.admin_hashed_password = bcrypt.hashpw(admin_password.
encode('utf-8'), bcrypt.gensalt())

    def login(self, username, password):
        """
        检查用户提供的凭据是否正确。

        :param username: 用户名
        :param password: 密码
```

```
        :return: 用户名和密码匹配时返回True，否则返回False。
        """
        if username == self.admin_username:
            if bcrypt.checkpw(password.encode('utf-8'), self.admin_
hashed_password):
                return True
        return False

以上改进不仅增强了安全性，也使代码更加模块化和易于维护。
---------- assistant_reviewer ----------
好的，我将充当助理代码审查员，并根据你的主要审查员的意见进行评估。
**代码格式：**
*   代码格式一致且易于阅读。
*   行长可以接受。
**潜在错误：**
*   正如你指出的，硬编码凭据是最严重的错误。
*   缺少文档字符串。
*   未处理异常情况或无效输入。
**需求完成情况：**
*   代码实现了基本的登录功能，但未满足安全和可维护性的要求。
**详细审查和建议：**
1.  **硬编码凭据：**
    *   **发现：** 正如你正确指出的，直接在代码中对 "admin" 和 "admin123" 进
行硬编码是安全风险。
    *   **建议：** 将凭据存储在环境变量、配置文件或数据库中。永远不要将它们直接放
入源代码。
……
**改进的代码示例评估：**
你提供的改进后的代码示例解决了以下问题：

*   **安全性：** 使用bcrypt进行密码哈希。
*   **可维护性：** 使用类进行封装。
*   **可读性：** 包含文档字符串。
但是，有以下改进建议：
*   在UserAuth中需要有处理未提供正确用户名或密码的逻辑，当前只是默认返回
False。
*   增加密码的复杂性检查，可以使得密码更加安全。
python
import bcrypt

class UserAuth:
    def __init__(self, admin_username, admin_password):
        self.admin_username = admin_username
        self.admin_hashed_password = bcrypt.hashpw(admin_password.
encode('utf-8'), bcrypt.gensalt())

    def login(self, username, password):
```

```
        """
        检查用户提供的凭据是否正确。

        :param username: 用户名
        :param password: 密码
        :return: 用户名和密码匹配时返回True,否则返回False。
        """
        if not username or not password:
            return False, "用户名和密码不能为空"

        if username == self.admin_username:
            if bcrypt.checkpw(password.encode('utf-8'), self.admin_
hashed_password):
                return True, None
            else:
                return False, "密码不正确"
        else:
            return False, "用户名不正确"

    **结论: **
    原始代码片段存在严重的安全漏洞,需要进行重大更改。你提供的改进后的代码示例大大提高
了安全性,是朝着正确方向迈出的一步。在对修改后的代码示例进行如上修改后,可以认为功能上
可以接受。
    APPROVED
```

输出结果被“-------”分成了3部分，依次是“user”“lead_reviewer”“assistant_reviewer”输出的结果，可以看到主评审Agent指出了“硬编码凭据”“简单匹配逻辑”等方面的问题，辅助评审Agent在前面基础上，又进行了二次优化，强化了代码的“安全性”“可维护性”“可读性”等方面。

通过这种方式，代码审查团队不仅能够提高代码质量，还能促进团队成员之间的技术交流和知识共享，为项目的长期发展奠定坚实的基础。

5.1.2　跟我学：深入了解RoundRobinGroupChat

在以上部分，我们已经初步体验了如何使用RoundRobinGroupChat创建一个简单的双Agent团队，并让它们协作完成一个代码审查的任务。接下来，我们将深入探讨RoundRobinGroupChat背后的原理，以及如何更灵活地创建和控制团队。

（1）创建团队：RoundRobinGroupChat的核心机制

RoundRobinGroupChat是一种简单而有效的团队配置。可以把它想象成一个圆桌会议，每个参会者（Agent）轮流发言，分享信息和见解。具体来说，

RoundRobinGroupChat 的工作机制如下。

- 共享上下文 所有 Agent 共享相同的上下文信息。这意味着每个 Agent 都能看到其他 Agent 的发言，从而保持团队对任务理解的一致性。
- 轮流发言 Agent 按照预先定义的顺序轮流发言。每个 Agent 在发言时，会将自己的回复广播给其他所有 Agent。
- 终止条件 团队会持续运行，直到满足预先设定的终止条件。这个终止条件可以是多种多样的，比如检测到特定关键词、达到最大轮数，或者接收到外部的停止信号。

（2）RoundRobinGroupChat 的适用场景

RoundRobinGroupChat 非常适用于需要多个 Agent 协同合作、集思广益的任务。例如以下场景。

- 头脑风暴 让多个 Agent 针对同一个问题提出不同的想法和建议。
- 角色扮演 让不同的 Agent 扮演不同的角色，模拟真实的对话场景。
- 协同创作 让多个 Agent 共同完成一份文档、代码或其他类型的创作。

5.1.3 跟我学：了解终止条件的概念与作用

在 5.1.1 节中，通过一个代码审查协作的示例，我们初步了解了如何使用 RoundRobinGroupChat 实现多 Agent 团队的协作。

然而，仅仅知道如何创建团队和分配任务是不够的。在实际应用中，还需要精确地控制团队任务的结束时机，这就涉及到终止条件的设置与应用。

终止条件是团队任务的“刹车系统”，它决定了任务在什么情况下应该停止。没有合理的终止条件，任务可能会无限期地运行下去，导致资源浪费，或者，任务可能在关键节点未能及时停止，导致结果不完整或不准确。终止条件的核心作用是确保团队在完成既定目标后能够优雅地退出，同时避免因过早停止而遗漏重要步骤。

5.1.1 节的例子代码使用了 TextMentionTermination 作为终止条件。当 Agent 的回复中包含特定词语（如“APPROVE”）时，团队任务就会停止。这是一个必要的操作，在创建 RoundRobinGroupChat 时，必须通过 termination_condition 参数指定终止条件，不然，RoundRobinGroupChat 中的多个 Agent 就会不停地依次输出内容。

5.1.4 跟我学：用 run_stream 方法监控团队运行

在 5.1.1 节的例子中，在“run_review”函数中，使用团队对象“code_

review_team”的 run_stream 方法运行代码审查团队。通过该方法，可以实时监控团队在运行时产生的消息流，从而更好地了解团队成员之间的协作过程以及任务的执行情况。

下面将详细介绍如何使用 run_stream 方法来实现这一功能。

（1）了解 run_stream 方法

run_stream 方法是团队对象的一个重要方法，它允许开发人员以流的形式获取团队在执行任务过程中的所有消息。这些消息包括团队成员之间的交流、任务执行的中间结果以及最终的任务结果等。通过实时监控这些消息，可以及时了解团队的运行状态，发现潜在的问题，并在必要时进行干预。

（2）学会使用 run_stream 方法

在 5.1.1 节的例子中，介绍了一种使用 run_stream() 的简单例子，即使用 Console 将 run_stream() 的流式结果输出到控制台，具体代码如下：

```
    stream = await Console(code_review_team.run_stream(task=f"审查以下Python代码片段:\n\n{code_snippet}"))
```

上面代码中，Console 函数会将 run_stream() 的流式结果输出到控制台，之后，还会把最终结果返回给 stream。

但是，在某种情况下，用户的使用场景不是控制台，它可能会是桌面 UI 或 Web 界面，这时就无法使用 Console 函数获得内部消息。这种情况需要将 run_stream() 与 async for 循环结合使用，才能逐条获取消息流中的消息。例如，5.1.1 节例子中的 run_review 函数，可以改成如下：

```
from autogen_agentchat.base import TaskResult
async def run_review():
    async for message in code_review_team.run_stream(task=f"审查以下Python代码片段:\n\n{code_snippet}"):  # 使用run_stream方法运行团队并获取消息流
        if isinstance(message, TaskResult):  # 如果消息是任务结果类型
            print("停止原因:", message.stop_reason)  # 打印停止原因
            return message
        else:
            print(message)  # 打印消息内容
```

在上面代码中，中间过程的消息会通过最后一行代码“print(message)”来输出。最终结果会通过倒数第 3 行代码返回。

代码运行后输出如下结果：

```
source='user' models_usage=None metadata={} content='审查以下Python代码片段:\n\n\ndef login(user, password):\n if user == "admin" and password == "admin123":\n return True\n else:\n return False\n' type='TextMessage'
source='lead_reviewer' models_usage=RequestUsage(prompt_tokens=81, completion_tokens=529) metadata={} content='这段代码的功能是进行简单的用户登录
```

```
验证。确实，
    ……
    那么可能需要一个更复杂的身份验证系统或使用现有的安全库，例如Flask-Security。'
type='TextMessage'
    source='assistant_reviewer' models_usage=RequestUsage(prompt_
tokens=645, completion_tokens=668) metadata={} content='审查结果：\n\n您提供的
改进建议非常棒，解决了原代码中存在的几个关键问题。以下是我在复审这些改进建议后的评价：
    ……
      \n\n**总体评价：**\n\n改进后的代码比原始代码更健壮、更易于维护，并且更安全。
你提出的修改建议，包括日志记录和避免硬编码凭据，都是非常重要的。\n\nAPPROVED\n'
type='TextMessage'
    停止原因：Text 'APPROVED' mentioned
```

可以看到，这种方法可以使每条消息都能独立获取，并且还能分析出任务最终的终止原因。

（3）实时监控消息流的优势

使用 run_stream 方法实时监控团队运行时的消息流具有以下优势。

- 实时性　能够实时获取团队在执行任务过程中的消息，及时了解任务的执行情况和团队的运行状态。
- 全面性　可以获取团队成员之间的所有交流消息、任务执行的中间结果以及最终结果，全面了解团队的协作过程。
- 灵活性　可以根据获取到的消息进行进一步的处理和分析，例如记录日志、生成报告、触发其他操作等。
- 调试性　在团队协作出现问题或任务执行异常时，可以通过监控消息流快速定位问题所在，便于调试和优化。

有了 run_stream() 方法对团队进行监控的机制，开发人员可以更好地管理和优化团队协作过程，确保任务的顺利执行和高质量完成。

5.1.5　跟我学：重置团队

在 5.1.1 节例子中，当代码审查团队完成一次代码审查任务后，如果想让这个团队立即投入到另一次全新的审查任务中，该如何操作呢？

在 AutoGen 中，可以使用 reset() 方法来“重置”团队，为新的任务做好准备。

reset() 方法会清除团队的状态，这包括团队中每一个 Agent 成员的状态。这就像按下了一个“重启”按钮，团队中的每个 Agent 都会被还原到初始状态，之前的对话历史、上下文信息等都会被清空。以 5.1.1 节中的代码为例，具体使用方法如下：

```
await code_review_team.reset()
```

一般来讲，会将上面这条语句放在调用团队的 run_stream() 方法之前。这样可以保证团队每次执行任务时，都不会受到历史信息的干扰。

重置团队的操作在不同任务之间切换时尤为重要。设想一下，如果代码审查团队刚完成对 Python 代码的审查，现在需要他们审查一份 Java 代码。如果不进行重置，之前的 Python 代码审查经验可能会对新的 Java 代码审查产生干扰，甚至使团队得出错误的结论。因此，确保每次审查都在一个“干净”的环境中进行，是保证审查质量的关键。

5.1.6 跟我做：用单 Agent 团队完成循环处理待办事项

在某些只需要运行一个 Agent 来完成任务的情况下，单 Agent 团队就显得非常有用。与多 Agent 团队不同，单 Agent 团队适用于需要 Agent 持续运行直到满足特定终止条件的情况。

本部分以管理待办事项为例，通过代码演示如何让 AI 助手自动处理待办事项的任务清单，直到所有任务完成。具体步骤如下。

① 创建待办事项的任务清单及处理函数。编写代码，定义待办事项的任务清单 todo_list，并实现如下 2 个函数。

process_task 函数：处理指定待办事项。

get_tasknames 函数：获得待办事项的任务清单

具体代码如下：

代码文件 code_5.1.6_ 用单 Agent 团队完成循环处理待办事项 .py：（扫码下载）

```
import asyncio

from autogen_agentchat.agents import AssistantAgent
from autogen_agentchat.conditions import TextMessageTermination
from autogen_agentchat.teams import RoundRobinGroupChat
from autogen_ext.models.openai import OpenAIChatCompletionClient
import os
from autogen_agentchat.ui import Console

# 创建待办事项列表(模拟用户的任务清单)
todo_list = ["买牛奶" "支付水电费" "预约牙医"]

# 定义任务处理工具
def process_task(current_task:str) -> str:
    """处理一个待办事项并返回完成情况"""
    if current_task in todo_list:
```

```
        todo_list.remove(current_task)
    else:
        return "没有待办事项:{current_task}"
    if len(todo_list)==0:
        return "所有待办事项已完成"
    return f"已完成:{current_task}"

def get_tasknames()-> list:
    """获得待办事项"""
    return todo_list
```

② 定义 Agent 客户端及单 Agent 团队。本例使用 Ollama 接口的 Qwen-32B 模型作为 Agent 客户端。编写代码创建一个名为“looped_assistant”的 Agent，将它加入到单 Agent 团队中，生成 team 对象。具体代码如下：

代码文件 code_5.1.6_ 用单 Agent 团队完成循环处理待办事项 .py（续）：（扫码下载）

```
Ollama_model_client = OpenAIChatCompletionClient(
    model="qwen2.5:32b-instruct-q5_K_M",        #使用Qwen32模型
    base_url=os.getenv("OWN_OLLAMA_URL_165"), #从环境变量里获得Ollama地址
    api_key="Ollama",
    model_capabilities={
        "vision": False,
        "function_calling": True,
        "json_output": True,
    },
    # timeout = 10
)

# 创建任务助手
task_assistant = AssistantAgent(
    name="looped_assistant",
    model_client=Ollama_model_client,
    tools=[process_task,get_tasknames],   # 注册任务处理工具
    system_message="""
    你是一个AI助手,使用工具处理待办事项"""   # 初始化时显示任务列表
)
# 设置终止条件(当收到特定消息时停止)
termination_condition = TextMessageTermination("looped_assistant")
# 创建单Agent团队
team = RoundRobinGroupChat(
    [task_assistant],
    termination_condition=termination_condition
)
```

在定义单 Agent 团队 team 时，为其设置了终止条件“termination_condition”，“termination_condition”为：检测团队是否输出含有“looped_ assistant”的消息，如果出现，则终止团队操作。这里设置终止条件的字符串为 Agent 的名字，意思是只要单 Agent 输出消息，就终止任务。

在 Agent 客户端的模型时，尽量选择具有 Tools 功能并且指令跟随比较好的 LLM，否则，如果使用 Tools 功能不强的模型，有可能会在运行过程中报错。

③ 编写异步函数，运行代码。定义异步函数 main，并在函数 main 中运行单 Agent 团队 team，具体代码如下：

代码文件 code_5.1.6_ 用单 Agent 团队完成循环处理待办事项 .py（续）：（扫码下载）

```
async def main():
    # 运行任务处理流程
    print("开始处理待办事项...")
    stream = await Console(team.run_stream(task=f"请帮我处理所有的待办事项"))
    return stream
result = asyncio.run(main())
print(result)
```

代码运行后，输出结果如下：

```
开始处理待办事项...
---------- user ----------
请帮我处理所有的待办事项
---------- looped_assistant ----------
[FunctionCall(id='call_bw6uhaw4', arguments='{}', name='get_
tasknames')]
---------- looped_assistant ----------
[FunctionExecutionResult(content="['买牛奶' '支付水电费' '预约牙医']",
name='get_tasknames', call_id='call_bw6uhaw4', is_error=False)]
---------- looped_assistant ----------
['买牛奶' '支付水电费' '预约牙医']
---------- looped_assistant ----------
[FunctionCall(id='call_wpd09oi6', arguments='{"current_task":"买牛奶"}',
name='process_task')]
---------- looped_assistant ----------
[FunctionExecutionResult(content='已完成: 买牛奶', name='process_task',
call_id='call_wpd09oi6', is_error=False)]
---------- looped_assistant ----------
已完成: 买牛奶
---------- looped_assistant ----------
[FunctionCall(id='call_bqj0meeb', arguments='{"current_task":"
支付水电费"}', name='process_task'), FunctionCall(id='call_6y9hgdg8',
arguments='{"current_task":"预约牙医"}', name='process_task')]
---------- looped_assistant ----------
[FunctionExecutionResult(content='已完成: 支付水电费', name='process_
task', call_id='call_bqj0meeb', is_error=False), FunctionExecutionResult
(content='所有待办事项已完成', name='process_task', call_id='call_6y9hgdg8',
```

```
is_error=False)]
    ---------- looped_assistant ----------
    已完成：支付水电费
    所有待办事项已完成
    ---------- looped_assistant ----------
    所有的待办事项，包括买牛奶，支付水电费和预约牙医都已经完成了。
```

从输出结果可以看到，Agent 会自动调用工具 get_tasknames 获得待办事项列表，然后根据待办事项一个一个地解决，直到全部解决为止。

另外，程序还输出了最终结果，具体如下：

```
    TaskResult(messages=[TextMessage(source='user', models_usage=None,
metadata={}, content='请帮我处理所有的待办事项', type='TextMessage'),
    ToolCallRequestEvent(source='looped_assistant', models_
usage=RequestUsage(prompt_tokens=202, completion_tokens=17), metadata={},
content=[FunctionCall(id='call_bw6uhaw4', arguments='{}', name='get_
tasknames')], type='ToolCallRequestEvent'),
    ToolCallExecutionEvent(source='looped_assistant', models_usage=None,
metadata={}, content=[FunctionExecutionResult(content="['买牛奶' '支付
水电费' '预约牙医']", name='get_tasknames', call_id='call_bw6uhaw4', is_
error=False)], type='ToolCallExecutionEvent'),
    ToolCallSummaryMessage(source='looped_assistant', models_
usage=None, metadata={}, content="['买牛奶' '支付水电费' '预约牙医']",
type='ToolCallSummaryMessage'), ToolCallRequestEvent(source='looped_
assistant',
    ……
    ToolCallSummaryMessage(source='looped_assistant', models_usage=None,
metadata={}, content='已完成：支付水电费\n所有待办事项已完成', type='ToolCallSu
mmaryMessage'),
    TextMessage(source='looped_assistant', models_
usage=RequestUsage(prompt_tokens=362, completion_tokens=20), metadata={},
content='所有的待办事项，包括买牛奶，支付水电费和预约牙医都已经完成了。',
type='TextMessage')], stop_reason="Text message received from 'looped_
assistant'")
```

从输出结果上看，单 Agent 团队一直在内部循环输出 ToolCallRequestEvent、ToolCallExecutionEvent、ToolCallSummaryMessage 这三个内部事件，最终，处理完所有事项后，输出了 TextMessage 消息，该消息触发了终止条件，任务结束。

5.2 人机协作与反馈

在上一节中，介绍了单 Agent 团队如何通过循环处理来完成待办事项，并

展示了团队协作的潜力。现在，我们将进一步探索如何将人类的智慧与 AI 的能力相结合，实现更高效、更具创造性的协作模式。本节将重点关注人机协作，以及如何通过反馈机制不断优化 Agent 的性能。接下来，将通过一个实际案例来展示这一过程。

5.2.1 跟我做：构建 AI 辅助写作的迭代优化系统

以下将构建一个 AI 辅助写作的迭代优化系统，通过代码实现用户对生成内容的实时批注与 AI 即时响应功能，让读者直观感受“Human-in-the-Loop（人机回圈）”在创作场景下的强大作用。

在日常生活中，假设一位美食博主正在撰写一篇关于“家常红烧肉”的博文。传统的写作方式可能需要博主独立完成初稿，并经历反复修改、校对等环节。现在，借助 AI 辅助写作的迭代优化系统，博主可以与 AI 协同创作，实现更高效、更高质量的内容生产。具体步骤如下。

① 编写代码。首先引入 AssistantAgent 和 UserProxyAgent 相关库。

接着，为 Agent 配置大模型客户端，搭建 RoundRobinGroupChat 团队架构，设置初始参数。在团队中集成 TextMentionTermination 终止条件，使用户可通过特定关键词触发反馈流程，实现用户批注后 AI 即时调整内容。

最后启动系统，输入写作任务，观察 AI 生成内容，模拟用户进行批注，验证系统是否能按预期实时优化，以不断调整完善。

具体代码如下：

代码文件 code_5.2.1_构建_AI_辅助写作的迭代优化系统.py:（扫码下载）

```
import os
from autogen_agentchat.agents import AssistantAgent, UserProxyAgent
from autogen_agentchat.conditions import TextMentionTermination
from autogen_agentchat.teams import RoundRobinGroupChat
from autogen_agentchat.ui import Console
from autogen_ext.models.openai import OpenAIChatCompletionClient
from google import genai

# 创建Gemini模型客户端.
model_client = OpenAIChatCompletionClient(
    model="gemini-2.0-flash",
    api_key=os.getenv("GEMINI_API_KEY"),  # 确保在环境中设置了GEMINI_API_
KEY
)

# 创建AssistantAgent，名为 "writer"，负责生成文章内容。
```

```
    writer = AssistantAgent("writer", model_client=model_client)

    # 创建UserProxyAgent，名为 "user_proxy"，作为用户与AI之间的桥梁，接收用户
输入。
    # input_func=input表示从控制台获取用户输入。
    user_proxy = UserProxyAgent("user_proxy", input_func=input)

    # 创建TextMentionTermination终止条件，当用户输入中包含 "发布" 时，终止对话。
    termination = TextMentionTermination("发布")

    # 创建RoundRobinGroupChat团队，包含writer和user_proxy两个成员。
    # termination_condition=termination指定了终止条件。
    team = RoundRobinGroupChat([writer, user_proxy], termination_
condition=termination)

    # 启动对话流程，task="请写一篇关于家常红烧肉做法的博文" 为初始任务。
    stream = team.run_stream(task="请写一篇关于家常红烧肉做法的博文。")

    # 使用asyncio.run(...) 运行对话，并通过Console显示交互过程。
    import asyncio
    asyncio.run(Console(stream))
```

代码运行后，输出如下内容：

```
---------- user ----------
请写一篇关于家常红烧肉做法的博文。
---------- writer ----------
好的，没问题！下面是一篇关于家常红烧肉做法的博文，包含了详细的步骤，希望能帮到你。
---
## 家常红烧肉：入口即化，肥而不腻的秘密！
红烧肉，绝对是餐桌上最受欢迎的硬菜之一！色泽红亮诱人，入口肥而不腻，软糯香甜，简直是
米饭杀手！今天就来分享一个我家最常用的家常红烧肉做法，简单易学，保证让你做出人见人爱的
美味红烧肉！
**准备材料：**

*    带皮五花肉：500克 （选择肥瘦相间的五花肉，口感更好）
*    冰糖：约20克 （根据个人口味调整）
*    生抽：3汤匙
*    老抽：1汤匙
*    料酒：2汤匙
*    姜：3-4片
*    葱：2段
*    八角：2个
*    桂皮：1小块
*    干辣椒：1-2个 （可选，喜欢辣的可以加）
*    食用油：适量
*    热水：适量
*    盐：适量 （最后调味）
```

```
**做法步骤：**

**Step 1：五花肉处理**
将五花肉冷水下锅，加入几片姜片和一勺料酒，大火烧开，撇去浮沫。煮至可以用筷子轻松插入肉块时 (15～20分钟)，捞出放凉。
……

**小贴士：**
*    **选肉很重要：** 一定要选择肥瘦相间的五花肉，这样才能做出肥而不腻的口感。
*    **焯水是关键：** 焯水可以去除五花肉的腥味，让红烧肉的味道更纯正。
*    **炒糖色要耐心：** 炒糖色是红烧肉颜色红亮的关键，一定要用中小火，不停搅拌，防止烧焦。
*    **炖煮时间：** 炖煮时间要根据五花肉的肥瘦程度和火力大小进行调整，可以用筷子插入肉块来判断是否软烂。
*    **用热水：** 炖煮时一定要加开水，冷水会让肉质收紧，影响口感。

希望大家喜欢这个家常红烧肉的做法！快来试试吧，保证让你做出美味又下饭的红烧肉！Bon appétit!
---
希望这篇博文对您有帮助！ 如果您需要修改或者有其他要求，请随时告诉我。
TERMINATE

Enter your response:
```

从输出结果中可以看到，AI 助手“writer”会生成一篇关于家常红烧肉做法的博文初稿。

② 人机互动。细心的读者可以观察到，在程序运行结果的最后一行输出了“Enter your response:”，与此同时，该进程并没有结束，只是处于“挂起”状态，在等待用户继续输入。这就是代码中使用了“user_proxy”的效果，它会挂起程序，并等待获取用户的输入。

通过这种机制，用户可以通过控制台“user_proxy”对初稿进行实时批注和调整。例如询问该菜谱其是否是“东北的做法？”或者让其生成符合东北做法的红烧肉，等等。具体示例如下：

```
Enter your response: 这是东北的做法吗 ?
---------- user_proxy ----------
这是东北的做法吗 ?
---------- writer ----------
不是，这更偏向于江浙沪一带的红烧肉做法。东北红烧肉通常会使用更多的酱油和料酒，味道更浓郁，而且有时会加入粉条、土豆等炖煮，使其更像一道炖菜。
TERMINATE
Enter your response: 生成一个东北红烧肉的做法
---------- user_proxy ----------
生成一个东北红烧肉的做法
```

```
---------- writer ----------
好的，为你生成一个东北红烧肉的做法，同样图文并茂：
## 东北红烧肉：豪放的美味，一口暖心！

东北菜的特点就是量大实在，味道浓郁！这道东北红烧肉，继承了东北菜的精髓，用料足，味道香，入口软糯，肥而不腻，配上一碗米饭，简直是绝配！寒冷的冬天，来上一口，瞬间暖到心窝！

**准备材料：**

*    带皮五花肉：500克 （最好选择三层五花肉）
......
---
TERMINATE

Enter your response: 发布
---------- user_proxy ----------
发布
```

上面的交互中，通过输入“这是东北的做法吗？”确定了当前菜谱的地区属性，接着再输入“生成一个东北红烧肉的做法”，获得了符合东北做法的菜谱文案。当用户对最终稿满意时，输入“发布”，对话结束，博文即可发布。

通过这个例子，可以看到“Human-in-the-Loop”模式如何将人的创造力和 AI 的强大能力相结合，提高创作效率和质量。在 AI 辅助写作的场景中，AI 不再是冷冰冰的工具，而是成为了可以与人协同工作的伙伴。

5.2.2　跟我学：深入理解 UserProxyAgent 的工作原理

在上节的 " 跟我做 " 中已经体验了 UserProxyAgent 在实际场景中实现用户反馈的功能。以下将深入剖析 UserProxyAgent 的底层机制，以便更好地理解和应用这个强大的工具。

（1）UserProxyAgent 介绍

UserProxyAgent 是 AutoGen 框架提供的一个特殊的内置 Agent。如果把一个 Agent 团队比作一个协同工作的团队，那么 UserProxyAgent 就好比是这个团队与外部用户之间的联络员。它在团队运行期间，充当用户与团队交互的桥梁，负责传递用户的指令或反馈。

当团队执行 run() 或 run_stream() 方法时，UserProxyAgent 作为团队的一员，会被包含在团队的协作流程中。团队会根据预先设定的规则，决定在何时调用 UserProxyAgent 来获取用户反馈。不同的团队类型，调用 UserProxyAgent 的机制也不同。

- 在 RoundRobinGroupChat 团队中，UserProxyAgent 会按照它被添加到团队成员列表中的顺序被调用。就像团队成员轮流发言一样，UserProxyAgent 也会在轮到它时，向用户请求输入。
- 在 SelectorGroupChat 团队中，情况则更为灵活。SelectorGroupChat 就像一个有选择困难症的团队，它会通过一个选择器提示（prompt）或选择器函数来决定下一个发言的成员。因此，UserProxyAgent 何时被调用，取决于选择器的判断（SelectorGroupChat 会在下一章介绍）。

当 UserProxyAgent 被调用时，团队的执行会暂时停下来，就像整个团队都在等待用户的指示一样。UserProxyAgent会等待用户通过某种方式提供反馈。这种方式可以是多种多样的，例如，在控制台中，通过 input 函数获取用户从键盘输入的内容，或者，在 Web 服务中，通过一个 WebSocket 连接，等待用户从网页上发送过来的消息，甚至可以通过读取一个文件、监听一个端口等方式，获取用户的反馈。

具体使用哪种方式，取决于 UserProxyAgent 的 input_func 参数。这个参数可以接收一个自定义的函数，让开发者能够根据实际的应用场景，灵活地定制获取用户反馈的方式。

一旦用户提供了反馈，UserProxyAgent 就会把这个反馈信息传递回团队，然后团队程序会解除“挂起”状态，继续执行后续的任务。

（2）UserProxyAgent 的应用场景

由于 UserProxyAgent 的阻塞特性，它更适合用于那些需要用户立即做出反应的简短交互场景。例如，在一个代码审查的场景中，AI 助手生成了代码修改建议后，可以通过 UserProxyAgent 弹出一个对话框，询问用户是否“批准”这些修改，用户只需点击“批准”或“拒绝”按钮，就能立即给出反馈。或者，在一个内容生成的场景中，AI 助手撰写了一段文本后，可以通过 UserProxyAgent 提示用户对生成的内容进行快速评价，比如给出一个“满意”“不满意”或“需要改进”的选项。

如果用户的反馈需要较长的处理时间，或者需要在后台异步处理，那么 UserProxyAgent 的挂起特性可能会影响团队的整体效率。在这种情况下，可以考虑使用“在下一次运行中提供反馈”的方式，也就是 5.2.3 节中将要介绍的内容。这种方式更适合那些异步通信、需要持久化会话状态的场景。

5.2.3 跟我学：在下一次运行中提供反馈

上一节介绍了在团队运行过程中提供反馈的方法，团队任务在运行时，在遇到需要用户输入的情况时，系统自动挂起，等待用户输入。这种方式在生产环境下并不是最优方案，假如有几百万用户同时在线，当他们通过网络向系统请求任务时，系统需要维持几百万个长链接，等待与用户进行交互，大大消耗了系统资源。

本节将探讨一种适应于在生产环境下与 Agent 团队交互的方式：在团队运行结束后，将反馈作为下一次运行的输入。

这种方式类似于人们日常交流中的对话回合。一方说完一段话（相当于 Agent 团队完成一次运行），另一方给出回应或评论（相当于用户提供反馈），然后双方继续交流（相当于 Agent 团队根据反馈再次运行）。通过这样的方式，系统在每次应答后就自动结束运行，团队与用户的再次交互通过逻辑层面来维持，而在连接层面是断开的。系统不再需要挂起每个运行的 Agent，来等待用户输入，更不再需要为每个用户维持一个用于交互的长链接，大大节省了资源。

在下一次运行中提供反馈的实现有两种方式。

① 设置最大回合数（max turns）。就像玩游戏时规定最多玩几局一样，可以预先设定 Agent 团队最多运行多少个回合。达到这个回合数后，团队会自动停止，等待反馈。

② 使用终止条件（termination conditions）。这种方式更加灵活，就像日常对话中，人们会根据对话内容和上下文来决定何时结束对话一样。Agent 团队可以根据自身的内部状态，以及设定的终止条件（例如检测到特定文本或触发了特定的交接消息）来决定何时停止运行，并将控制权交还给用户。

这种在下一次运行中提供反馈的交互模式实现了不依靠连接的“运行 - 反馈 - 再运行”效果。它在很多场景下都非常有用，特别是在需要持续的人机协作或者人与 Agent 之间的通信是异步进行的情况下。上面介绍的两种方式可以单独使用，也可以结合使用，以实现期望的行为。在后续章节会介绍具体用法。

5.2.4　跟我学：掌握 max_turns 参数的灵活运用

max_turns 参数是控制团队运行轮数的关键。在 RoundRobinGroupChat 的构造函数中设置 max_turns，可以限定团队在指定的轮数后停止，以便等待用户的反馈。

比如，设置 max_turns=1，可以让团队在第一个 Agent 响应后暂停。这种方式常用于需要用户持续参与的场景，比如聊天机器人。当团队停止运行后，轮数计数会重置。不过，团队的内部状态（比如对话历史）会被保留。下次运行的时候，会从列表中下一个 Agent 开始继续对话。具体代码示例如下：

代码文件 code_5.2.4_ 跟我学：掌握 _max_turns_ 参数的灵活运用 .py：（扫码下载）

```
import os
from autogen_agentchat.agents import AssistantAgent
from autogen_agentchat.teams import RoundRobinGroupChat
from autogen_agentchat.ui import Console
from autogen_ext.models.openai import OpenAIChatCompletionClient
from autogen_agentchat.ui import Console

# 创建硅基流动客户端
Qwen_model_client = OpenAIChatCompletionClient(
    base_url="https://硅基流动接口地址"
    model='Qwen/Qwen2.5-7B-Instruct',  # 模型名称
    api_key=os.getenv("SILICON_FLOW_API_KEY"),  # 使用环境变量中的API密钥
    model_capabilities={
            "vision": False,
            "function_calling": True,
            "json_output": True,
        },
    # timeout = 30
    parallel_tool_calls=False,  # type: ignore
)

# 创建Agent。
assistant = AssistantAgent("assistant", model_client=Qwen_model_
client)

# 创建团队，设置最大轮数为1。
team = RoundRobinGroupChat([assistant], max_turns=1)

async def main():
    task = "写一首关于海洋的四行诗。"
    while True:
        # 运行对话并流式传输到控制台。
        stream = team.run_stream(task=task)
        # 在脚本中运行时使用asyncio.run(...)。
        await Console(stream)
        # 获取用户响应。
        task = input("请输入您的反馈（输入 'exit' 退出）：")
        if task.lower().strip() == "exit":
            break
import asyncio
asyncio.run(main())
```

上述代码示例展现了 max_turns 在诗歌生成任务中的使用方式。团队在一位 Agent 回应后立即停止。

代码运行后输出结果如下：

```
---------- user ----------
写一首关于海洋的四行诗。
---------- assistant ----------
蓝色的怀抱深无际，波涛藏着古老的秘密，
阳光轻吻海面微笑，浪花是它欢乐的呼吸。
请输入您的反馈（输入 'exit' 退出）：
```

在输出结果的最后一行中，通过团队的外部循环调用 input 函数实现等待用户输入的功能，输入为“exit”，则退出循环。在实际生产环境中，这一步可以换作用户通过网络进行的二次输入，以实现下一次运行中提供反馈的功能。

需要注意的是，max_turns 参数目前仅被 RoundRobinGroupChat、SelectorGroupChat 和 Swarm 这些团队类支持（后续章节会介绍 SelectorGroupChat 与 Swarm），在其与终止条件结合使用时，团队会在任一条件满足时停止。掌握 max_turns 参数的灵活运用，可以在构建对话系统时更好地控制交互的节奏，进而实现更流畅自然的人机对话流程。

5.3 用终止条件控制任务

在多 Agent 系统中，任务的执行往往不是无限进行的。为了有效地管理资源、控制流程，并确保系统在适当的时机停止，引入了“终止条件”的概念。终止条件就像是给 Agent 团队设定了一个“闹钟”或者“检查点”，当满足特定条件时，任务就会自动结束，或者触发特定的行为。

前文介绍了人机协作以及如何利用 max_turns 参数来限制对话轮次。然而，在更复杂的场景中，需要更精细、更灵活的控制机制。max_turns 只是设定了一个上限，而实际应用中，可能希望根据对话内容、时间、外部事件等多种因素来决定何时终止任务。

接下来，我们将深入探讨 AutoGen 中强大的终止条件机制，学习如何利用内置的终止条件以及如何自定义终止条件，从而实现对任务的精准控制。

5.3.1 跟我做：构建一个带有主动提问的餐饮推荐系统

本节将具体构建一个带有主动提问的餐饮推荐系统，以体验终止条件在实际应用中的作用。用户可以向系统提问，而系统中的 Agent 尝试回答问题。如果 Agent 无法回答问题（例如问题涉及需要外部信息或超出其知识范围的内容），

Agent 将会向用户主动提问，以获取用于支撑回答问题的更多信息。

在实现时，主动提问功能是通过任务转交来实现的。使用 HandoffTermination 可以将任务转交给用户，等待用户提供更多信息或答案。具体步骤如下。

① 创建 Agent 与团队

编写代码，使用 Ollama 接口的 Qwen-32B 大模型作为客户端，创建一个 AssistantAgent，名为“food_recommender”。设置了其在无法完成任务时将任务转交给用户，并定义了系统消息来指导 Agent 的行为，并将其放入团队里，具体代码如下：

代码文件 code_5.3.1_ 构建一个带有主动提问的餐饮推荐系统 .py：（扫码下载）

```
    import os
    import asyncio
    from autogen_agentchat.agents import AssistantAgent
    from autogen_agentchat.base import Handoff
    from autogen_agentchat.conditions import HandoffTermination,
TextMentionTermination
    from autogen_agentchat.teams import RoundRobinGroupChat
    from autogen_agentchat.ui import Console
    from autogen_ext.models.openai import OpenAIChatCompletionClient

    Ollama_model_client = OpenAIChatCompletionClient(
        model="qwen2.5:32b-instruct-q5_K_M",        #使用Qwen32模型
        base_url=os.getenv("OWN_OLLAMA_URL_165"), #从环境变量里获得Ollama地址
        api_key="Ollama",
        model_capabilities={
            "vision": False,
            "function_calling": True,
            "json_output": True,
        },
    )

    # 创建一个餐饮推荐Agent，设置其在无法完成任务时将任务转交给用户
    food_recommender = AssistantAgent(
        "food_recommender",
        model_client=Ollama_model_client,
        handoffs=[Handoff(target="user", message="我需要更多信息才能为您推荐餐
厅。请提供更多细节或直接回答问题。")],
        system_message="如果您无法推荐餐厅，请转交给用户。否则，在完成时回复
'TERMINATE'。"
    )

    # 定义HandoffTermination和TextMentionTermination终止条件
    handoff_termination = HandoffTermination(target="user")
```

```
text_termination = TextMentionTermination("TERMINATE")

# 创建一个单Agent团队，设置终止条件
food_recommendation_team = RoundRobinGroupChat(
    [food_recommender],
    termination_condition=handoff_termination | text_termination
)
```

上面的代码中定义了 HandoffTermination 和 TextMentionTermination 两种终止条件。HandoffTermination 用于检测 Agent 是否发送了 HandoffMessage，TextMentionTermination 用于检测用户是否提到了特定文本（如“TERMINATE”）。

② 循环处理人机交互流程。定义异步函数 main，并在函数内部使用 while 循环控制人机交互流程，当运行“food_recommendation_team”团队后，如果返回了 HandoffMessage 类型消息，就调用 input 函数获取用户信息，否则就返回团队运行结果。具体代码如下：

代码文件 code_5.3.1_ 构建一个带有主动提问的餐饮推荐系统 .py（续）:（扫码下载）

```
async def main():
    # 运行餐饮推荐系统
    task = "请推荐一家适合我的北京的川菜餐厅"
    while True:
        result = await Console(food_recommendation_team.run_
stream(task=task),
output_stats=True)
        print(result)
        if result.messages[-1].type == 'HandoffMessage':
            # 如果Agent触发HandoffTermination，等待用户输入反馈并继续运行
            task = input(f"{result.messages[-1].content}(输入 'exit' 退
出):")
            if task.lower().strip() == "exit":
                break
        else:
            return result.messages[-1].content
ret = asyncio.run(main())
print(ret)
```

为了展示实验效果，本例选择一个缺少信息的问题输入团队，让团队推荐一家适合“我”的北京的川菜餐厅。这时，团队无法了解我的喜好，因此只能再向我询问更多信息。代码运行后，输出结果如下：

```
---------- user ----------
请推荐一家适合我的北京的川菜餐厅
---------- food_recommender ----------
[FunctionCall(id='call_zkycrh02', arguments='{}', name='transfer_to_
```

```
user')]
    [Prompt tokens: 157, Completion tokens: 124]
    ---------- food_recommender ----------
    [FunctionExecutionResult(content='我需要更多信息才能为您推荐餐厅。请提供更多细节或直接回答问题。', name='transfer_to_user', call_id='call_zkycrh02', is_error=False)]
    ---------- food_recommender ----------
    我需要更多信息才能为您推荐餐厅。请提供更多细节或直接回答问题。
    ---------- Summary ----------
    Number of messages: 4
    Finish reason: Handoff to user from food_recommender detected.
    Total prompt tokens: 157
    Total completion tokens: 124
    Duration: 8.13 seconds
    我需要更多信息才能为您推荐餐厅。请提供更多细节或直接回答问题。(输入 'exit' 退出):
```

当程序运行后，系统输出“我需要更多信息才能为您推荐餐厅。请提供更多细节或直接回答问题。”并等待用户输入。这时输入“我喜欢辣的，预算在人均100元左右。”系统将继续运行输出结果如下：

```
    我需要更多信息才能为您推荐餐厅。请提供更多细节或直接回答问题。(输入 'exit' 退出): 我喜欢辣的，预算在人均100元左右。
    ---------- user ----------
    我喜欢辣的，预算在人均100元左右。
    ---------- food_recommender ----------
    根据您的口味和预算，我推荐您可以去尝试一下 "辣府"(Laifu)，这是一家以川菜为主的餐厅，在北京有好几家分店。这家餐厅的菜品味道正宗、偏重口味，同时符合您的人均消费要求。

    请注意，实际体验可能受到时间、地点和其他因素的影响而有所变化。希望您在辣府有个愉快的用餐体验!
    TERMINATE
    [Prompt tokens: 227, Completion tokens: 85]
    ---------- Summary ----------
    Number of messages: 2
    Finish reason: Text 'TERMINATE' mentioned
    Total prompt tokens: 227
    Total completion tokens: 85
    Duration: 6.31 seconds
    根据您的口味和预算，我推荐您可以去尝试一下 "辣府"(Laifu)，这是一家以川菜为主的餐厅，在北京有好几家分店。这家餐厅的菜品味道正宗、偏重口味，同时符合您的人均消费要求。
    请注意，实际体验可能受到时间、地点和其他因素的影响而有所变化。希望您在辣府有个愉快的用餐体验!
    TERMINATE
```

在输出结果中的倒数第6行以上，是系统内部消息打印的结果。倒数第6行以下，是系统的最终输出。可以看到“food_recommender_team”团队在工作时，通过主动获取用户信息，完成了具体的任务。

通过这个实战例子，可以看到如何在 AutoGen 中使用 HandoffTermination 构建一个智能问答系统，实现 Agent 在无法回答时将任务转交给用户，等待用户反馈后再继续处理。这种机制在处理复杂问题或需要用户参与的场景中非常有用。

5.3.2 跟我学：HandoffTermination 终止条件的使用方法及原理

上一节的例子展示了如何在 AutoGen 中使用 HandoffTermination 来构建一个智能问答的餐饮推荐系统。在该例子的代码中，定义了 HandoffTermination 和 TextMentionTermination 两种终止条件。HandoffTermination 用于检测 Agent 是否发送了 HandoffMessage，TextMentionTermination 用于检测用户是否提到了特定文本（如“TERMINATE”）。

本节将深入探讨 HandoffTermination 的使用方法及原理，帮助你更好地理解和应用这一强大的终止条件。

（1）HandoffTermination 的基本概念

HandoffTermination 是 AutoGen 提供的一种终止条件，用于在 Agent 发送 HandoffMessage 这一消息时停止团队的运行。HandoffMessage 是一种特殊的工具调用消息，用于将任务转交给特定的目标，例如用户或其他 Agent。当团队检测到 HandoffMessage 时，会停止当前运行，并将控制权交还给用户或指定的目标。

（2）内置的终止条件

AutoGen 提供了多种内置的终止条件，每种条件适用于不同的场景和需求，其主要的内置终止条件及使用方法，见表 5-1。

表5-1 AutoGen内置终止条件介绍

终止条件	描述
MaxMessageTermination	在生成指定数量的消息后停止，包括 Agent 和任务消息
TextMentionTermination	当消息中提到特定文本或字符串时停止，例如“TERMINATE”
TokenUsageTermination	当使用了一定数量的提示或完成令牌时停止。这需要 Agent 在其消息中报告令牌使用情况
TimeoutTermination	在指定的秒数后停止
HandoffTermination	当请求转交给特定目标时停止。Handoff Message 可用于构建如 Swarm 等模式。这在 Agent 将任务转交给用户或其他 Agent 时非常有用
SourceMatchTermination	在特定 Agent 响应后停止

续表

终止条件	描述
ExternalTermination	允许从外部通过编程方式控制终止。这对于 UI 集成非常有用（例如，在聊天界面中添加“停止”按钮）
StopMessageTermination	当 Agent 生成 StopMessage 时停止
TextMessageTermination	当 Agent 生成 TextMessage 时停止

（3）多条件的混合使用方式

在实际开发中，还可以使用逻辑运算符（如“|”和“&”）组合多个终止条件，实现更复杂的控制逻辑。例如，创建一个团队，该团队在生成 10 条消息时停止。具体代码如下：

```
from autogen_agentchat.conditions import MaxMessageTermination, TextMentionTermination

max_msg_termination = MaxMessageTermination(max_messages=10)
text_termination = TextMentionTermination("APPROVE")
combined_termination = max_msg_termination | text_termination

round_robin_team = RoundRobinGroupChat([primary_agent, critic_agent], termination_condition=combined_termination)

# 运行团队
await Console(round_robin_team.run_stream(task="Write a unique, Haiku about the weather in Paris"))
```

（4）原理详解

终止条件的工作原理很简单，具体如下。

- HandoffMessage 的触发　当 Agent 在处理任务时遇到无法解决的问题（例如需要外部信息或超出其知识范围的内容），它会发送一个 HandoffMessage。这个消息是通过 Agent 的 handoffs 参数设置的，指定目标（如用户）和相关消息内容。
- 终止条件的检测　团队在运行过程中会不断检测是否满足终止条件。当检测到 HandoffMessage 时，HandoffTermination 终止条件被触发，团队停止运行，并将控制权交还给用户或指定的目标。
- 控制权的转移　控制权转移后，用户或目标可以提供反馈或进一步的输入。团队在接收到反馈后，可以根据新的输入继续处理任务，实现任务的暂停与恢复。

模型支持：使用 HandoffTermination 时，与 Agent 关联的模型必须支持工具调用功能。

终止条件组合：可以使用逻辑运算符（如“|”和“&”）组合多个终止条件，实现更复杂的控制逻辑。

用户输入处理：在实际应用中，用户输入可以通过多种方式获取，例如控制台输入、WebSocket 消息等。

5.3.3　跟我学：内置终止条件的种类与适用场景

AutoGen 提供了多种内置终止条件，每种都有其独特的触发机制和适用场景。以下是一些常见的终止条件。

（1）基于消息数量的终止

MaxMessageTermination 是最直观的一种终止方式，它通过设定一个最大消息数量来限制任务的运行长度。例如，在一个头脑风暴任务中，我们可能希望团队在产生一定数量的想法后停止，以避免过度发散。具体使用方法如下：

```
from autogen_agentchat.conditions import MaxMessageTermination
max_msg_termination = MaxMessageTermination(max_messages=5)
```

（2）基于文本内容的终止

TextMentionTermination 则更加灵活，它允许用户指定一个特定的文本字符串作为终止信号。当任何一个 Agent 在消息中提及该字符串时，任务立即停止。这在需要人工干预或特定条件达成时非常有用，比如在代码审查中等待主评审 Agent 确认代码通过审查。具体使用方法如下：

```
from autogen_agentchat.conditions import TextMentionTermination
text_termination = TextMentionTermination(stop_text="APPROVED")
```

（3）基于时间的终止

TimeoutTermination 适用于需要在限定时间内完成的任务。例如，在实时数据分析场景中，即使分析尚未完全结束，我们仍可能需要在一定时间后停止任务并输出当前最佳结果。具体使用方法如下：

```
from autogen_agentchat.conditions import TimeoutTermination
timeout_termination = TimeoutTermination(timeout=30)  # 30秒超时
```

（4）基于令牌使用量的终止

TokenUsageTermination 则是从资源消耗的角度进行控制，特别适用于需要严格管理计算资源的场景。通过限制令牌使用量，我们可以避免任务因过度调用模型而产生高昂成本。具体使用方法如下：

```
from autogen_agentchat.conditions import TokenUsageTermination
token_termination = TokenUsageTermination(max_tokens=1000)
```

（5）基于交接的终止

HandoffTermination 用于当任务需要交接给特定目标时停止。这在需要用户或另一个系统介入的场景中非常有用，例如在复杂的多步骤任务中，某个Agent 完成其部分工作后需要将任务转交给另一个 Agent 或用户。具体使用方法如下：

```
from autogen_agentchat.conditions import HandoffTermination
handoff_termination = HandoffTermination(target="user")
```

（6）基于特定 Agent 响应的终止

SourceMatchTermination 用于在特定 Agent 回复后停止任务。这在需要某个专家 Agent 最终确认结果的场景中非常有用。具体使用方法如下：

```
from autogen_agentchat.conditions import SourceMatchTermination
source_termination = SourceMatchTermination(source="expert_agent")
```

（7）外部控制的终止

ExternalTermination 允许外部程序控制任务终止，这对于用户界面集成非常有用，例如在聊天界面中添加“停止”按钮。当用户点击按钮时，在当前Agent 完成本次输出后，团队将停止运行。具体使用方法如下：

```
from autogen_agentchat.conditions import ExternalTermination
external_termination = ExternalTermination()
```

当 Agent 运行时，需要让 Agent 立即停止，可以使用如下代码：

```
external_termination.set()
```

此外，通过设置 CancellationToken，我们可以立即中止团队运行并引发CancelledError 异常。这种灵活的控制机制允许我们在必要时及时干预团队的运行，以应对突发情况或调整任务优先级。

（8）基于停止消息的终止

StopMessageTermination 用于当 Agent 生成特定的停止消息时停止任务。这可以用于 Agent 自我判断任务完成的情况。具体使用方法如下：

```
from autogen_agentchat.conditions import StopMessageTermination
stop_message_termination = StopMessageTermination()
```

（9）基于文本消息的终止

TextMessageTermination 用于当 Agent 生成文本消息时停止任务，这在简单的问答或指令执行场景中非常有用。具体使用方法如下：

```
from autogen_agentchat.conditions import TextMessageTermination
text_message_termination = TextMessageTermination()
```

（10）基于函数调用的终止

FunctionCallTermination 用于当 Agent 调用特定函数时停止任务，这在需要函数调用作为任务完成标志的场景中非常有用。具体使用方法如下：

```
from autogen_agentchat.conditions import FunctionCallTermination
function_call_termination = FunctionCallTermination(function_
name="complete_task")
```

5.3.4　跟我学：终止条件的组合与高级应用

在复杂场景中，单一的终止条件往往无法满足需求。AutoGen 允许开发人员通过逻辑运算（AND、OR）组合多种终止条件，创建更加精细的控制逻辑。具体使用方法如下：

```
from autogen_agentchat.conditions import MaxMessageTermination,
TextMentionTermination
max_msg_termination = MaxMessageTermination(max_messages=10)
text_termination = TextMentionTermination(stop_text="APPROVE")
# 当满足任一条件时终止
combined_termination1 = max_msg_termination | text_termination
# 当同时满足两个条件时终止
combined_termination2 = max_msg_termination & text_termination
```

上面代码中，创建了两个终止条件"max_msg_termination"与"text_termination"。接着，使用逻辑运算符"|"，生成组合条件"combined_termination1"，实现满足任一条件时终止；使用逻辑运算符"&"，生成组合条件"combined_termination2"，实现同时满足两个条件时终止。

这种组合方式在实际应用中非常实用。例如，在一个创意写作任务中，我们可能希望团队在生成一定数量的段落后停止，或者在某个 Agent 明确表示创意已经完成时停止。

5.3.5　跟我做：结合外部终止条件和文本终止条件控制团队任务

在复杂的团队协作任务中，常常需要灵活的控制机制来决定任务的终止时机。AutoGen 的终止条件功能允许我们结合多种条件，实现精细的任务控制。

下面的代码示例展示了如何创建一个团队，并结合外部终止条件和文本终止条件来控制任务的运行。

编写代码，创建一个由两个 Agent 组成的团队：一个是主 Agent，负责根据给定的主题写诗；另一个是批评 Agent，负责评估诗并提供反馈。任务将在 Agent 提到特定关键词 " 通过 " 或接收到外部停止信号时终止。具体步骤如下。

① 创建 Agent。基于硅基流动接口的 Qwen 模型，创建两个 Agent。

- primary_agent　主 Agent，负责根据任务主题生成内容（如写诗）。

- critic_agent　批评 Agent，负责评估主 Agent 的输出并提供反馈。

具体代码如下：

代码文件 code_5.3.5_ 结合外部终止条件和文本终止条件控制团队任务 .py：

```
    import asyncio
    from autogen_agentchat.agents import AssistantAgent
    from autogen_agentchat.conditions import ExternalTermination,
TextMentionTermination
    from autogen_agentchat.teams import RoundRobinGroupChat
    from autogen_agentchat.ui import Console
    from autogen_ext.models.openai import OpenAIChatCompletionClient
    import os

    # 创建硅基流动客户端
    Qwen_model_client = OpenAIChatCompletionClient(
        base_url="https://硅基流动接口地址"
        model='Qwen/Qwen2.5-7B-Instruct',  # 模型名称
        api_key=os.getenv("SILICON_FLOW_API_KEY"),  # 使用环境变量中的API密钥
        model_capabilities={
                "vision": False,
                "function_calling": True,
                "json_output": True,
            },)

    # 创建主Agent和批评Agent
    primary_agent = AssistantAgent(
        "primary",
        model_client=Qwen_model_client,
        system_message="你是一个有帮助的人工智能助手。你的任务是根据给定的主题写诗。")

    critic_agent = AssistantAgent(
        "critic",
        model_client=Qwen_model_client,
        system_message="你是一个评论者。你的任务是评估主Agent写的诗，并提供反馈。
当对诗满意时回复 '通过'。"
    )
```

② 设置终止条件。设置两个终止条件，具体如下。

- text_termination　当 Agent 提到关键词 " 通过 " 时，任务会自动停止。
- external_termination　允许从外部停止任务，例如在用户界面中添加一个“停止”按钮。

将两个 Agent 组成团队，并为其设置终止条件，具体代码如下：

代码文件 code_5.3.5_ 结合外部终止条件和文本终止条件控制团队任务 .py（续）:（扫码下载）

```
    # 定义文本终止条件
    text_termination = TextMentionTermination("通过")
    # 创建外部终止条件
    external_termination = ExternalTermination()

    # 创建团队，结合外部终止条件和文本终止条件
    team = RoundRobinGroupChat(
        [primary_agent, critic_agent],
        termination_condition=external_termination | text_termination  #
使用按位或运算符组合条件
    )
```

③ 运行任务。使用 asyncio.create_task 在后台运行任务，模拟异步操作。使用 asyncio.sleep 模拟等待一段时间。调用 external_termination.set() 停止团队。最后等待任务完成。具体代码如下：

代码文件 code_5.3.5_结合外部终止条件和文本终止条件控制团队任务.py（续）：（扫码下载）

```
    async def main():
        # 在后台运行任务
        run = asyncio.create_task(Console(team.run_stream(task="写一首关于
秋天的短诗。")))
        await asyncio.sleep(1.1)     # 等待一段时间
        external_termination.set()   # 停止团队
        return await run             # 等待团队完成
    # 运行主函数
    result = asyncio.run(main())
    print(result)
```

代码运行后可以看到如下结果：

```
    ---------- user ----------
    写一首关于秋天的短诗。
    ---------- primary ----------
    秋风凌杂树，飘零金叶时。

    草枯寒烟起，露白菊绽枝。
    ---------- critic ----------
    通过。这首诗描绘了秋天的景象，语言简洁而意象鲜明。秋天的萧瑟与美丽都被巧妙地融入诗
句中，给人以深秋之感。
```

可以看出，团队中的两个 Agent 都参与了工作，critic-agent 在最后，还输出了触发终止任务条件的文字“通过”。

同时，系统又输出了运行主函数得到的结果（TaskResult），具体如下：

```
    TaskResult(messages=[TextMessage(source='user', models_usage=None,
metadata={}, content='写一首关于秋天的短诗。', type='TextMessage'), TextM
```

```
essage(source='primary', models_usage=RequestUsage(prompt_tokens=40, completion_tokens=24), metadata={}, content='秋风凌杂树，飘零金叶时。\n\n草枯寒烟起，露白菊绽枝。', type='TextMessage'), TextMessage(source='critic', models_usage=RequestUsage(prompt_tokens=77, completion_tokens=37), metadata={}, content='通过。这首诗描绘了秋天的景象，语言简洁而意象鲜明。秋天的萧瑟与美丽都被巧妙地融入诗句中，给人以深秋之感。', type='TextMessage')], stop_reason="External termination requested, Text '通过' mentioned")
```

从上面结果的最后一行可以看出，任务的结束原因（stop_reason）是触发了文本终止条件的文字——“通过”。

如果将代码中的 asyncio.sleep 时间缩短一点，让 Agent 还没有完成本次任务就执行 external_termination.set()，可以实现外部终止的效果。例如，修改 asyncio.sleep 函数的时长为 0.1s，具体代码如下：

```
await asyncio.sleep(0.1)
```

再次运行代码，会看到如下输出结果：

```
---------- user ----------
写一首关于秋天的短诗。
---------- primary ----------
秋风轻唱丰收曲，
稻浪翻滚映日出。
丹桂飘香染黄叶，
雁阵南飞带晚霞。
```

可以看到，critic-agent 还没有来得及工作，任务就终止了。

运行主函数得到结果，具体如下：

```
TaskResult(messages=[TextMessage(source='user', models_usage=None, metadata={}, content='写一首关于秋天的短诗。', type='TextMessage'), TextMessage(source='primary', models_usage=RequestUsage(prompt_tokens=40, completion_tokens=31), metadata={}, content='秋风轻唱丰收曲，\n稻浪翻滚映日出。\n丹桂飘香染黄叶，\n雁阵南飞带晚霞。', type='TextMessage')], stop_reason='External termination requested')
```

从上面结果的最后一行可以看出，任务的结束原因（stop_reason）是触发了外部终止条件——“External termination requested”。

④ 使用 CancellationToken 立即终止任务。除了 External Termination 以外，还可以使用 CancellationToken 来结束任务。CancellationToken 使用了异常机制。当 CancellationToken 被触发时，系统会抛出 CancelledError 异常，立即停止任务。下面通过代码演示具体用法。

修改本节代码中的 main 函数如下，具体代码如下：

代码文件 code_5.3.5_结合外部终止条件和文本终止条件控制团队任务.py（续）：（扫码下载）

```
async def main():
    from autogen_core import CancellationToken
    #创建一个cancellation token
    cancellation_token = CancellationToken()

    # 在后台运行任务
    run = asyncio.create_task(
        team.run(
            task="写一首关于秋天的短诗。",
            cancellation_token=cancellation_token,
        )
    )
    # 停止团队
    cancellation_token.cancel()
    try:
        result = await run  # 抛出CancelledError异常
        print(result)
    except asyncio.CancelledError:
        print("Task was cancelled.")
    return result
```

代码运行后，输出如下结果：

```
......
await self._protocol.read_event.wait()
  File "C:\Users\jinho\.conda\envs\py312\Lib\asyncio\locks.py", line
212, in wait
    await fut
  File "C:\Users\jinho\.conda\envs\py312\Lib\asyncio\futures.py", line
289, in __await__
    yield self  # This tells Task to wait for completion.
    ^^^^^^^^^^
  File "C:\Users\jinho\.conda\envs\py312\Lib\asyncio\tasks.py", line
385, in __wakeup
    future.result()
  File "C:\Users\jinho\.conda\envs\py312\Lib\asyncio\futures.py", line
197, in result
    raise self._make_cancelled_error()
Task was cancelled.
```

可以看到，运行 await run 之后，程序没有等到当前 Agent 执行完才会终止任务，而是直接抛出了 CancelledError 异常。这是与 External Termination 的不同之处。

这种立即终止的特性使得 CancellationToken 在处理异步任务时更加灵活和强大。通过抛出 CancelledError 异常，开发人员可以迅速捕获并处理任务被取消的情况，而无需额外的逻辑来判断任务是否应该继续执行。例如需要快速响应用户操作或在资源紧张时紧急停止任务，CancellationToken 的这种方式就显得尤为合适。它能够不等待任务内部的当前操作完成，直接强制终止任务，从而更高效地管理资源和响应需求。

在实际应用中，开发人员可以根据具体需求选择使用 CancellationToken 或者 External Termination。如果任务需要在完成当前步骤后再安全退出，External Termination 是更好的选择；而如果需要立即停止任务，无论其当前处于哪个执行阶段，CancellationToken 则更为合适。

5.3.6　跟我学：自定义终止条件

尽管内置的终止条件已经覆盖了大多数常见场景，但在某些特殊情况下，可能还需要实现自定义的终止条件。这可以通过继承 TerminationCondition 类并重写其方法来实现。具体代码如下：

```
from autogen_agentchat.base import TerminationCondition
from typing import Sequence

class CustomTermination(TerminationCondition):
    def __init__(self):
        # 初始化时设置一个标志，用于判断是否应该停止任务
        self._should_stop = False

    async def __call__(self, messages: Sequence[Message]) -> bool:
        #定义终止逻辑
        for message in messages:
            # 遍历消息列表，检查每条消息的内容
            if "特定条件" in message.content:
                # 如果消息内容中包含特定关键词，设置停止标志为True
                self._should_stop = True
                break  # 找到匹配后退出循环
        # 返回是否应该停止的判断结果
        return self._should_stop

    async def reset(self) -> None:
        # 重置终止条件的状态，将停止标志设置为False
        self._should_stop = False
```

这段代码定义了一个自定义的终止条件类 CustomTermination，它继承了 TerminationCondition 基类。这个类的目的是根据自定义的逻辑来决定何时停止一个任务。该类主要的三个方法介绍如下。

- 初始化方法 __init__　定义了一个布尔类型的成员变量 _should_stop，用于标记是否应该停止任务。该变量初始值为 False，表示任务不应该停止。

- 可调用方法 __call__　这是终止条件的核心方法，它接收一个消息序列作为输入，并返回一个布尔值，表示是否应该停止任务。方法为在内部遍历消息序列，检查每条消息的内容，如果发现某条消息的内容中包含特定的字符串（这里是“特定条件”），就将 _should_stop 设置为 True，并退出循环。最后返回 _should_stop 的值，表示是否应该停止任务。
- 重置方法 reset　用于重置终止条件的状态，将 _should_stop 重新设置为 False，以便在下一次任务中重新使用该终止条件。

自定义终止条件的灵活性极高，可以适应各种特殊需求。例如，在一个数据分析任务中，我们可能需要在某个统计指标达到预期值时停止任务。

5.3.7　跟我学：终止条件在实际应用中的考量

选择和设计终止条件时，需要综合考虑任务的性质、资源限制以及期望的输出质量。对于创造性任务，如写作或设计，可能需要更宽松的终止条件，以允许充分的探索和迭代；而对于分析性任务，则可能需要更严格的条件，以确保结果的及时性和准确性。

同时，终止条件的设置也会影响团队的协作效率。过于频繁的终止可能导致任务中断过多，影响流畅性；而过于宽松的条件可能使任务冗长，增加资源消耗。因此，找到一个平衡点是关键。

在接下来的章节中，我们将进一步探讨如何结合终止条件与其他机制，如状态管理、用户偏好记忆等，构建更加复杂和高效的多 Agent 协作系统。

5.4　状态管理基础

在多 Agent 系统中，任务往往不是一次性完成的，可能需要在多次交互、中断后继续，甚至在系统重启后恢复之前的进度。这就需要引入状态管理机制，让 Agent 和团队能够记住之前的状态，并在需要时恢复。本节将深入探讨 AutoGen 中的状态管理，学习如何构建一个支持断点续作的任务系统。通过这个系统，理解状态管理的具体方法，包括 Agent 状态管理、团队状态管理以及状态持久化。

在前面的章节中，我们已经了解了如何构建多 Agent 团队，并实现了各种协作模式。然而，这些团队在每次运行时都是从头开始，无法保留之前的进度。接下来，将通过一个实例来了解如何为 Agent 和团队添加状态管理功能，让它们具备“记忆力”。

5.4.1 跟我做：构建支持断点续作的任务系统

在多 Agent 应用的开发过程中，状态管理是一个至关重要的环节。它允许我们在复杂的交互流程中，随时保存当前的进展，并在需要的时候恢复，从而实现任务的连续性。

本节将通过一个具体的代码示例，展示如何利用AutoGen的状态管理功能，构建一个支持断点续作的任务系统。

该例子创建了一个智能家庭助手。通过保存和加载 Agent 的状态，用户可以随时让助手暂停任务，然后在下次继续时从上次中断的地方开始。具体步骤如下。

① 创建智能家庭助手 Agent。首先，需要创建了一个智能家庭助手 Agent，它能够帮助用户管理待办事项。这个 Agent 将使用 AssistantAgent 类来实现。具体代码如下：

代码文件 code_5.4.1_ 构建支持断点续作的任务系统 .py：（扫码下载）

```
import asyncio
import os
from autogen_agentchat.agents import AssistantAgent
from autogen_agentchat.messages import TextMessage
from autogen_agentchat.ui import Console
from autogen_ext.models.openai import OpenAIChatCompletionClient
from google import genai

# 设置模型客户端
model_client = OpenAIChatCompletionClient(
    model="gemini-2.0-flash",
    api_key=os.getenv("GEMINI_API_KEY"),  # 确保在环境中设置了GEMINI_API_KEY
)

# 创建一个AssistantAgent Agent
assistant_agent = AssistantAgent(
    name="assistant_agent",
    system_message="你是一个智能家庭助手,可以帮助用户管理待办事项。",
    model_client=model_client,
)
```

上面代码中，首先导入了必要的模块，包括 asyncio 用于处理异步操作，os 用于获取环境变量。然后，我们设置了模型客户端，指定了使用的模型为 "gemini-2.0-flash"，并从环境变量中获取 API 密钥。最后，我们创建了一个

AssistantAgent Agent，设置了其名称和系统消息，系统消息定义了 Agent 的行为和功能。

为了 "gemini-2.0-flash" 模型正常使用，需要先保证网络畅通，并通过谷歌网站注册获得 API 密钥。

② 记录待办事项并保存状态。接下来，让 Agent 记录一个待办事项，并保存它的状态，以便后续可以从中断的地方继续。具体代码如下：

代码文件 code_5.4.1_ 构建支持断点续作的任务系统 .py（续）：（扫码下载）

```
async def run_agent_and_save_state():
    # 让Agent记录一个待办事项
    response = await assistant_agent.on_messages(
        [TextMessage(content="帮我记录一个待办事项：晚上7点去超市购物",
source="user")],
        CancellationToken()
    )
    print("记录待办事项的响应：")
    print(response.chat_message.content)

    # 保存Agent的状态
    agent_state = await assistant_agent.save_state()
    print("\nAgent状态已保存。")
    return agent_state

# 运行并保存状态
agent_state = asyncio.run(run_agent_and_save_state())
```

在这段代码中，定义了一个异步函数 "run_agent_and_save_state"。在函数内部，使用 await 调用了 Assistant Agent Agent 的 on_messages 方法，传入了一个 TextMessage 对象，内容是用户请求记录的待办事项。

然后，打印出 Agent 的响应。接着调用了 Assistant Agent 的 save_state 方法来保存 Agent 的状态，并将状态存储在 agent_state 变量中。最后，使用 asyncio.run() 来运行这个异步函数，并将返回的状态存储在 agent_state 变量中。代码运行后输出内容如下：

```
记录待办事项的响应：
好的，我已经记录了：晚上7点去超市购物。
还有什么需要我帮忙的吗？
Agent状态已保存。
```

③ 加载状态并继续任务。最后，创建一个新的 Agent，加载之前保存的状态，并继续执行任务，询问上次记录的待办事项。具体代码如下：

代码文件 code_5.4.1_ 构建支持断点续作的任务系统 .py（续）：（扫码下载）

```
async def load_state_and_continue_task(agent_state):
    # 创建一个新的Agent并加载之前保存的状态
    new_assistant_agent = AssistantAgent(
        name="assistant_agent",
        system_message="你是一个智能家庭助手，可以帮助用户管理待办事项。",
        model_client=model_client,
    )
    await new_assistant_agent.load_state(agent_state)
    print("\n状态已加载。")

    # 继续执行任务，询问上次记录的待办事项
    response = await new_assistant_agent.on_messages(
        [TextMessage(content="我上次记录的待办事项是什么？", source="user")],
        CancellationToken()
    )
    print("\n继续任务的响应：")
    print(response.chat_message.content)

# 加载状态并继续任务
asyncio.run(load_state_and_continue_task(agent_state))
```

在这段代码中，定义了另一个异步函数“load_state_and_continue_task”，它接受之前保存的 Agent 状态作为参数。在函数内部，创建了一个新的 AssistantAgent Agent，并调用了它的 load_state 方法来加载之前保存的状态。然后，使用 await 调用了新 Agent 的 on_messages 方法，传入了一个询问上次记录的待办事项的 TextMessage 对象。

最后，打印出 Agent 的响应，并使用 asyncio.run() 来运行这个异步函数。代码运行后，输出内容如下：

```
状态已加载。
继续任务的响应：
您上次记录的待办事项是：晚上7点去超市购物。
```

通过以上步骤，成功地创建了一个支持断点续作的任务系统。这个系统允许用户在需要时暂停任务，并在之后继续从上次中断的地方开始，确保了任务的连续性和用户体验的流畅性。在实际应用中，这种状态管理技术可以广泛应用于智能助手、客服系统、教育平台等场景，提升系统的灵活性和用户体验。

5.4.2　跟我学：Agent 状态管理的具体方法

Agent 状态是指 Agent 在执行任务过程中产生的各种信息，这些信息共同决定了 Agent 的行为和决策。具体包括以下信息。

- 对话历史　Agent 与用户之间的消息交互记录，如用户提出的问题、Agent 给出的回答等。
- 模型上下文　Agent 在执行任务时，模型所处的上下文环境，如模型对之前对话的理解和记忆。
- 内部数据结构　Agent 内部用于存储任务相关信息的数据结构，如任务参数、执行状态等。

这些状态信息使得 Agent 能够根据之前的交互历史，做出连贯且符合逻辑的响应，从而更好地完成任务。

在 AutoGen 中，分别支持对 Agent 和团队的状态管理具体如下。

（1）对 Agent 的状态管理

在 AutoGen 中，可以通过调用 AssistantAgent 的 save_state() 方法来获取 Agent 当前的状态。该方法会将 Agent 的对话历史、模型上下文等信息封装成一个可序列化的字典对象，便于后续的存储和传输。以下是具体的代码示例：

```
# 获取Agent的状态
agent_state = await assistant_agent.save_state()
print(agent_state)
```

当需要恢复 Agent 的状态时，可以创建一个新的 Agent 实例，并调用其 load_state() 方法，将之前保存的状态字典加载回来，使 Agent 能够基于之前的状态继续执行任务。以下是具体的代码示例：

```
# 加载Agent状态
await new_assistant_agent.load_state(agent_state)
```

（2）对团队的状态管理

在 AutoGen 中，可以通过调用团队的 save_state() 方法来获取团队中所有 Agent 的状态以及团队的整体配置信息。该方法会遍历团队中的每个 Agent，获取其 save-state() 方法返回的状态，并将这些状态整合成一个团队状态字典。以下是具体的代码示例：

```
# 获取团队的状态
team_state = await agent_team.save_state()
print(team_state)
```

当需要恢复团队的状态时，可以创建一个新的团队实例，并调用其 load_state() 方法，将之前保存的团队状态字典加载回来，使团队能够基于之前的状态继续执行任务。以下是具体的代码示例：

```
# 加载团队状态
await new_agent_team.load_state(team_state)
```

5.4.3　跟我学：状态持久化

状态持久化是指将状态信息保存到持久性存储介质（如文件系统或数据库）中，以便在系统重启、故障恢复或不同会话之间保持任务的连续性。

在多 Agent 系统中，状态管理是一个至关重要的环节。它就像是 Agent 的"记忆系统"，记录着 Agent 在执行任务过程中的各种信息，使得 Agent 能够根据之前的交互历史，做出连贯且符合逻辑的响应，从而更好地完成任务。

Agent 状态主要包含以下几个方面。

- 对话历史　这是 Agent 与用户之间消息交互的记录，比如用户提出的问题、Agent 给出的回答等。它就像是 Agent 与用户之间的"聊天记录"，帮助 Agent 了解用户的意图和需求，为后续的交互提供参考。
- 模型上下文　是 Agent 在执行任务时，模型所处的上下文环境，如模型对之前对话的理解和记忆。这可以类比为 Agent 的"短期记忆"，它帮助 Agent 在当前对话中保持连贯性，理解用户的问题并给出合适的回答。
- 内部数据结构　是 Agent 内部用于存储任务相关信息（如任务参数、执行状态等）的数据结构。这相当于 Agent 的"工作记忆"，记录着 Agent 在执行任务过程中的各种状态和参数，以便 Agent 能够根据这些信息调整自己的行为和决策。

在 AutoGen 中，对 Agent 和团队的状态管理提供了强大的支持。对于 Agent 状态管理，AutoGen 提供了 save_state() 和 load_state() 方法。通过 save_state() 方法，我们可以将 Agent 的状态保存下来，包括对话历史、模型上下文和内部数据结构等信息。这样，即使 Agent 被关闭或重启，也可以通过 load_state 方法将之前的状态重新加载，使得 Agent 能够从上次中断的地方继续工作，而不会丢失任何重要的信息。

状态管理在多 Agent 系统中起着关键作用。它使得 Agent 和团队能够在复杂的任务中保持连贯性和一致性，提高任务完成的效率和质量。通过合理利用 AutoGen 提供的状态管理功能，我们可以构建更加智能、高效和可靠的多 Agent 应用。

以下是状态持久化的具体实现方法和示例。

（1）状态的序列化与存储

将状态字典转换为可存储的格式，如 JSON，然后写入文件或数据库。示例代码如下：

```
import json
# 将团队状态保存到文件
```

```
    with open("team_state.json", "w") as f:
        json.dump(team_state, f)
```

（2）状态的加载与恢复

从文件或数据库中读取保存的状态字典，然后加载到 Agent 或团队中，以恢复其状态。示例代码如下：

```
    # 从文件加载团队状态
    with open("team_state.json", "r") as f:
        team_state = json.load(f)
    # 创建一个新的团队实例并加载状态
    new_agent_team = RoundRobinGroupChat([assistant_agent],
    termination_condition=MaxMessageTermination(max_messages=2))
    await new_agent_team.load_state(team_state)

    # 让团队基于加载的状态继续执行任务
    stream = new_agent_team.run_stream(task="What was the last line of
the poem you wrote?")
    await Console(stream)
```

5.5　用户偏好记忆的管理与应用

在多 Agent 系统中，除了基本的状态管理外，更精细化的用户偏好记忆管理对于提供个性化、定制化的服务至关重要。本节将深入探讨如何在 AutoGen 中实现和应用用户偏好记忆，让 Agent 能够“记住”用户的习惯、喜好和历史交互，从而提供更智能、更贴心的服务。

AutoGen 提供了强大的记忆（memory）协议和相关工具，使得开发者可以轻松地将用户偏好信息融入到 Agent 的决策过程中。这些记忆机制不仅可以存储简单的键值对，还可以利用向量数据库实现更复杂的语义理解和相似性检索，从而让 Agent 在海量信息中快速找到与用户当前需求最相关的内容。

通过对记忆协议及其核心方法的深入理解，结合具体示例，可以掌握如何构建具有用户偏好记忆的 Agent，并将其应用于各种实际场景。

在了解了用户偏好记忆管理的重要性以及 AutoGen 提供的相关工具后，接下来通过一个实际案例来演示如何创建一个能够记住用户的 Agent。

5.5.1　跟我做：实现一个能够记住用户的 Agent

在日常生活中，智能助手的应用越来越广泛，它们能够记住用户的喜好，并在下一次互动时提供更贴心的服务。这种“记忆力”的背后，往往离不开一种叫作“记忆存储”的技术。AgentChat 提供了一个名为“memory”的协议，也即记忆协议，可以用来构建这样的记忆系统。本节将通过构建一个个性化电影推荐系统的实例，来演示如何使用其中的 ListMemory。

ListMemory 是 memory 协议的一个简单实现示例。它就像一个按时间顺序排列的记事本，新的信息会被追加到笔记本的最后。在 Agent 的上下文中，ListMemory 会把最近添加的信息附加到模型中，从而影响 Agent 的回复。

以下将通过 ListMemory 来实现这个记忆系统。设想一个场景，用户希望构建一个能够记住自己观影偏好的系统。这个系统不仅能记录单个偏好（如“喜欢科幻片”），还能批量导入（如“收藏诺兰导演作品”），甚至能根据用户的历史偏好进行动态更新。具体步骤如下。

① 初始化 ListMemory。创建一个 ListMemory 实例，用于存储用户的观影偏好。

② 添加偏好。使用 add 方法向记忆中添加用户的单个偏好。

③ 批量导入。同样使用 add 方法，一次性导入多个偏好。

④ 条件查询。使用 query 方法，根据特定条件检索相关的偏好。

⑤ 动态更新。根据用户最新的观影行为，使用 add 方法更新偏好。

下面是完整代码实现：

代码文件 code_5.5.1_ 实现一个能够记住用户的 Agent.py：（扫码下载）

```
    import os
    from autogen_agentchat.agents import AssistantAgent
    from autogen_agentchat.ui import Console
    from autogen_core.memory import ListMemory, MemoryContent,
MemoryMimeType
    from autogen_ext.models.openai import OpenAIChatCompletionClient

    from google import genai

    # 设置模型客户端
    model_client = OpenAIChatCompletionClient(
        model="gemini-2.0-flash",
        api_key=os.getenv("GEMINI_API_KEY"),  # 确保在环境中设置了GEMINI_API_
KEY
    )
    # 初始化用户记忆
    user_memory = ListMemory()

    # 添加用户偏好
    async def add_preferences():
```

```
        await user_memory.add(MemoryContent(content="用户A喜欢 科幻片",
mime_type=MemoryMimeType.TEXT))
        await user_memory.add(MemoryContent(content="用户B收藏 诺兰导演作品",
mime_type=MemoryMimeType.TEXT))
        print("用户偏好已添加。")

    # 批量导入偏好（这里为了演示是逐条添加）
    async def import_preferences():
        await user_memory.add(MemoryContent(content="用户B喜欢 星际穿越",
mime_type=MemoryMimeType.TEXT))
        await user_memory.add(MemoryContent(content="用户B喜欢 盗梦空间",
mime_type=MemoryMimeType.TEXT))
        print("用户B的偏好已批量导入。")

    # 条件查询
    async def query_preferences(query_str: str):
        results = await user_memory.query(query_str)
        print(f"查询'{query_str}'的结果: ")

        for result in results:
            for ret in result[1]:
                print(ret.content)

    # 动态更新
    async def update_preferences():
        await user_memory.add(MemoryContent(content="用户A最近喜欢 悬疑片",
mime_type=MemoryMimeType.TEXT))
        print("用户A的偏好已更新。")
    # 创建AssistantAgent实例，并注入memory协议
    assistant_agent = AssistantAgent(
        name="movie_recommendation_agent",
        model_client=model_client,
        memory=[user_memory],
    )

    async def main():

        await add_preferences()
        await import_preferences()
        await query_preferences("用户A")
        await update_preferences()
        await query_preferences("用户A")

        #使用memory进行一次实际的对话
        stream = assistant_agent.run_stream(task="为用户A推荐一部电影")
        await Console(stream)
```

```
if __name__ == "__main__":
    import asyncio
    asyncio.run(main())
```

在这个示例中，可以看到ListMemory如何按照添加的顺序存储用户的偏好，并在查询时按照时间倒序返回。在最后的对话中，“movie_recommendation_agent”会根据ListMemory中用户A的观影偏好（悬疑片、科幻片）进行电影推荐。

代码运行后，结果如下：

```
用户偏好已添加。
用户B的偏好已批量导入。
查询'用户A'的结果：
用户A喜欢 科幻片
用户B收藏 诺兰导演作品
用户B喜欢 星际穿越
用户B喜欢 盗梦空间
用户A的偏好已更新。
查询'用户A'的结果：
用户A喜欢 科幻片
用户B收藏 诺兰导演作品
用户B喜欢 星际穿越
用户B喜欢 盗梦空间
用户A最近喜欢 悬疑片
---------- user ----------
为用户A推荐一部电影
---------- movie_recommendation_agent ----------
[MemoryContent(content='用户A喜欢 科幻片', mime_type=<MemoryMimeType.
TEXT: 'text/plain'>, metadata=None), MemoryContent(content='用户B收藏 诺兰
导演作品', mime_type=<MemoryMimeType.TEXT: 'text/plain'>, metadata=None),
MemoryContent(content='用户B喜欢 星际穿越', mime_type=<MemoryMimeType.
TEXT: 'text/plain'>, metadata=None), MemoryContent(content='用户B喜欢 盗
梦空间', mime_type=<MemoryMimeType.TEXT: 'text/plain'>, metadata=None),
MemoryContent(content='用户A最近喜欢 悬疑片', mime_type=<MemoryMimeType.
TEXT: 'text/plain'>, metadata=None)]
---------- movie_recommendation_agent ----------
根据用户A的喜好，我推荐一部悬疑科幻片，结合了用户A喜欢的科幻片和悬疑片两种类型。
```

可以看出模型自动加载了ListMemory中的内容，并根据ListMemory的内容向大模型提问，最终得到了推荐结果。

细心的读者会发现，大模型并没有在结果中给出具体的电影。这是大模型能力的问题。如将本例中的模型客户端“model_client”换成Ollama的Qwen-32B模型客户端，结果就会正确了。代码如下：

```
    Ollama_model_client = OpenAIChatCompletionClient(
        model="qwen2.5:32b-instruct-q5_K_M",        #使用Qwen-32模型
        base_url=os.getenv("OWN_OLLAMA_URL_165"), #从环境变量里获得本地Ollama
地址
        api_key="Ollama",
        model_capabilities={
            "vision": False,
            "function_calling": True,
            "json_output": True,
        },
    )
    ......
    # 创建AssistantAgent实例，并注入memory协议
    assistant_agent = AssistantAgent(
        name="movie_recommendation_agent",
        model_client=Ollama_model_client,
        memory=[user_memory],
    )
```

代码运行后，输出结果如下：

```
    用户偏好已添加。
    ......
    ---------- user ----------
    为用户A推荐一部电影
    ---------- movie_recommendation_agent ----------
    [MemoryContent(content='用户A喜欢 科幻片', mime_type=<MemoryMimeType.
TEXT: 'text/plain'>, metadata=None), MemoryContent(content='用户B收藏 诺兰
导演作品', mime_type=<MemoryMimeType.TEXT: 'text/plain'>, metadata=None),
MemoryContent(content='用户B喜欢 星际穿越', mime_type=<MemoryMimeType.
TEXT: 'text/plain'>, metadata=None), MemoryContent(content='用户B喜欢 盗
梦空间', mime_type=<MemoryMimeType.TEXT: 'text/plain'>, metadata=None),
MemoryContent(content='用户A最近喜欢 悬疑片', mime_type=<MemoryMimeType.
TEXT: 'text/plain'>, metadata=None)]
    ---------- movie_recommendation_agent ----------
    鉴于用户A喜欢科幻片，并且最近也倾向于悬疑片，我推荐一部结合了这两类元素的电影——
《源代码》(Source Code)。这部电影不仅有引人入胜的科幻背景，还包含复杂的悬疑情节，相信
会符合用户的口味。
    如果想更精确地匹配用户兴趣，可以进一步确认用户对电影的具体偏好。不过根据现有信息，
《源代码》应该是一个不错的选择。TERMINATE
```

从上面输出结果可以看出，模型正确给出了推荐的具体电影。从这个例子可以看出，大模型的选择在 Agent 应用方面至关重要。

利用 ListMemory 来存储用户的偏好，然后根据这些信息为用户提供个性化的服务。这个过程不仅展示了如何将数据添加到内存中，还展示了如何在实际对话场景中检索并应用这些偏好。

5.5.2 跟我学：深入理解 memory 协议及其核心方法

在 AI 系统中，记忆管理是一个关键组件，它使得 Agent 能够存储和检索有用的信息，从而在执行任务时提供更加连贯和个性化的响应。本节将深入探讨 memory 协议的基础知识，包括如何扩展它以满足特定需求。通过一个生动的例子，我们将介绍核心方法的实际用途，以及它们如何协同工作来增强 Agent 的记忆能力。

memory 协议是 AgentChat 中用于管理 Agent 记忆的核心接口。它定义了一系列方法，用于与记忆存储进行交互，从而实现信息的存储、检索和上下文更新等功能。这些方法如下。

- add 方法　用于向记忆存储中添加新的条目。例如，当用户表达特定的偏好或设置时，Agent 可以将这些信息存储起来，以便在后续的交互中使用。
- query 方法　用于从记忆存储中检索相关信息。当 Agent 需要根据上下文获取之前存储的内容时，会调用此方法。例如，在回答用户问题之前，Agent 可能会查询记忆存储以获取相关的背景信息。
- update_context 方法　用于修改 Agent 内部的 model_context，通过添加检索到的信息来更新 Agent 的知识状态。这使得 Agent 能够在响应用户请求时，结合最新的记忆内容，提供更加准确和个性化的回答。
- clear 方法　用于清除记忆存储中的所有条目。在某些情况下，比如用户要求重置偏好或 Agent 需要从干净的状态开始新的任务时，此方法非常有用。
- close 方法　用于清理记忆存储所使用的资源。当 Agent 完成任务或关闭时，调用此方法可以确保资源的正确释放，避免潜在的内存泄漏或其他问题。

5.5.3 跟我做：管理用户偏好记忆

为了更好地理解这些方法的实际应用，可以通过一个具体的例子来展示如何使用 memory 协议来管理用户偏好。在这个例子中，将创建一个简单的记忆存储，用于记录用户的度量单位偏好和饮食习惯等信息，并在 Agent 响应用户请求时使用这些偏好来生成合适的回答。具体步骤如下。

① 创建记忆存储对象。使用 ListMemory 类创建了一个简单的记忆存储对象“user_memory”，它将以列表的形式存储记忆条目。

通过 "add_user_preferences" 函数，将两条用户偏好信息添加到记忆存储中。这些信息将在后续的 Agent 响应中被检索和使用。具体代码如下：

代码文件 code_5.5.3_ 管理用户偏好记忆 .py：（扫码下载）

```
    from autogen_agentchat.agents import AssistantAgent
    from autogen_agentchat.ui import Console
    from autogen_core.memory import ListMemory, MemoryContent,
MemoryMimeType
    from autogen_ext.models.openai import OpenAIChatCompletionClient
    import asyncio

    import  os
    # 初始化用户记忆
    user_memory = ListMemory()

    # 添加用户偏好到记忆
    async def add_user_preferences():
        await user_memory.add(MemoryContent(content="用户希望以公制单位显示天
气", mime_type=MemoryMimeType.TEXT))
        await user_memory.add(MemoryContent(content="用户偏好素食食谱",
mime_type=MemoryMimeType.TEXT))
```

② 定义工具函数和 Agent。定义工具函数“get_weather”，用于根据城市名称和度量单位获取天气信息。Agent 可以调用此工具来获取实际的天气数据。

创建 Agent AssistantAgent，该 Agent 被配置为包含“user_memory”作为记忆存储，并配备有“get_weather”工具。这样，Agent 在执行任务时可以访问和使用这些资源。具体代码如下：

代码文件 code_5.5.3_ 管理用户偏好记忆 .py（续）:（扫码下载）

```
    # 定义获取天气的工具函数
    async def get_weather(city: str, units: str = "imperial") -> str:
        if units == "imperial":
            return f"{city} 的天气是73° F，晴朗。"
        elif units == "metric":
            return f"{city} 的天气是23° C，晴朗。"
        else:
            return f"抱歉，我不知道 {city} 的天气。"

    # 创建Gemini模型客户端.
    model_client = OpenAIChatCompletionClient(
        model="gemini-2.0-flash",
        api_key=os.getenv("GEMINI_API_KEY"),  # 确保在环境中设置了GEMINI_API_KEY
    )

    # 创建助理Agent，包含记忆和工具
    assistant_agent = AssistantAgent(
        name="assistant_agent",
        model_client=model_client,
```

```
        tools=[get_weather],
        memory=[user_memory],
    )

    # 运行Agent，执行任务
    async def run_agent_task():
        await add_user_preferences()
        stream = assistant_agent.run_stream(task="北京的天气如何？")
        await Console(stream)

    # 执行示例
    if __name__ == "__main__":
        asyncio.run(run_agent_task())
```

在上面代码的“run_agent_task”函数中，首先添加用户偏好，然后运行 Agent 以执行天气查询任务。Agent 将利用记忆中的偏好信息来确定使用公制单位返回天气结果。代码运行后，输出结果如下：

```
    ---------- user ----------
    北京的天气如何?
    ---------- assistant_agent ----------
    [MemoryContent(content='用户希望以公制单位显示天气', mime_
type=<MemoryMimeType.TEXT: 'text/plain'>, metadata=None),
MemoryContent(content='用户偏好素食食谱', mime_type=<MemoryMimeType.TEXT:
'text/plain'>, metadata=None)]
    ---------- assistant_agent ----------
    [FunctionCall(id='', arguments='{"city":"北京","units":"metric"}',
name='get_weather')]
    ---------- assistant_agent ----------
    [FunctionExecutionResult(content='北京 的天气是23°C，晴朗。', name='get_
weather', call_id='', is_error=False)]
    ---------- assistant_agent ----------
    北京的天气是23°C，晴朗。
```

从输出结果可以看到，程序根据用户喜好，输出了公制单位的天气温度。

5.5.4 跟我学：了解 MemoryContent 的结构

MemoryContent 是 AgentChat 中用于存储和管理记忆的关键组件，它使得 Agent 能够根据历史信息做出更明智的决策和响应。通过有效地利用 MemoryContent，可以构建出具有记忆能力的 Agent，使其在与用户的交互过程中更加自然和高效。

MemoryContent 结构主要由以下几个部分组成。

- content　这是 MemoryContent 的核心部分，用于存储实际的记忆内容。它可以是文本、图像、音频等各种类型的数据，具体取决于应用场景和需求。例如，在一个智能客服系统中，content 可能存储用户的历史咨询记录；在一个智能写作助手系统中，content 可能存储用户之前写过的文章段落。

- mime_type　mime_type 用于指定 content 数据的类型，这有助于 Agent 正确地解析和处理存储的数据。常见的 mime_type 包括文本类型（如 text/plain）、图像类型（如 image/png）、音频类型（如 audio/wav）等。通过明确指定 mime_type，Agent 可以确保在读取和使用记忆内容时采用合适的方式，避免数据解析错误。
- metadata　metadata 是可选的元数据部分，用于存储与记忆内容相关的额外信息。这些信息可以包括记忆的创建时间、来源、相关标签等，有助于 Agent 更好地组织和管理记忆。例如，在一个新闻推荐系统中，metadata 可以存储新闻文章的发布时间、作者、所属类别等信息，以便 Agent 根据这些元数据进行更精准的推荐。

5.5.5 跟我学：了解 MemoryContent 在不同场景下的应用方法

本节将通过一系列步骤展示 MemoryContent 在不同场景下的应用方法，从创建包含文本内容的 MemoryContent 对象到将其集成到更大的系统中，每一个步骤都旨在帮助读者充分利用这一工具。

① 创建简单的 MemoryContent 对象。在 Python 中，可以使用 autogen_core.memory.MemoryContent 类来创建一个包含文本内容的 MemoryContent 对象。以下是一个简单的示例：

```
from autogen_core.memory import MemoryContent, MemoryMimeType

# 创建一个包含文本内容的MemoryContent对象
text_memory = MemoryContent(
    content="用户喜欢接收科技类新闻",
    mime_type=MemoryMimeType.TEXT
)

# 创建一个包含JSON内容的MemoryContent对象
json_memory = MemoryContent(
    content='{"新闻类别": "科技", "关键词": ["人工智能", "区块链", "物联网"]}',
    mime_type=MemoryMimeType.JSON
)
```

在上述代码中，首先导入了 MemoryContent 和 MemoryMimeType 类。然后，创建了两个 MemoryContent 对象：

- 一个用于存储用户的新闻偏好文本信息；
- 另一个用于存储包含新闻类别和关键词的 JSON 数据。

通过这种方式，我们可以将不同类型的数据存储在 MemoryContent 对象中，以便后续使用。

② 将 MemoryContent 集成到 Agent 中。接下来，将展示如何将 MemoryContent 对象集成到 Agent 中，使 Agent 能够利用这些记忆内容进行更智能的交互。以下是一个示例，展示了一个智能新闻推荐助手如何使用 MemoryContent 来进行个性化推荐：

```
from autogen_agentchat.agents import AssistantAgent
from autogen_agentchat.ui import Console
from autogen_core.memory import ListMemory
from autogen_ext.models.openai import OpenAIChatCompletionClient

# 初始化用户记忆存储
user_memory = ListMemory()

# 添加用户偏好到记忆存储
await user_memory.add(
    MemoryContent(
        content="用户喜欢接收科技类新闻",
        mime_type=MemoryMimeType.TEXT
    )
)
# 初始化模型客户端
model_client = OpenAIChatCompletionClient(
    model="gemini-2.0-flash",
    api_key=os.getenv("GEMINI_API_KEY"),  # 确保在环境中设置GEMINI_API_
KEY
    parallel_tool_calls=False,  # 禁用并行工具调用
)
# 创建Agent并关联记忆存储
news_assistant = AssistantAgent(
    name="news_assistant",
    model_client=OpenAIChatCompletionClient(
        model=model_client,
    ),
    memory=[user_memory]
)

# 运行Agent以获取个性化新闻推荐
stream = news_assistant.run_stream(task="推荐一些用户可能感兴趣的新闻")
await Console(stream)
```

在这个示例中，首先导入了必要的类和模块。然后，初始化了一个

ListMemory 对象作为用户记忆存储器。接着，创建了一个 MemoryContent 对象，其中包含了用户的新闻偏好信息，并将其添加到用户记忆存储器中。

之后，创建了一个 AssistantAgent 实例，并将用户记忆存储器关联到该 Agent。最后，运行 Agent，让它根据用户的记忆内容推荐新闻。通过这种方式，Agent 可以根据用户的历史偏好提供更加个性化的服务。

③ 在复杂系统中应用 MemoryContent。在更复杂的系统中，MemoryContent 可以与其他组件结合使用，以实现更高级的功能。例如，在一个智能客服系统中，MemoryContent 可以与对话管理器结合，根据用户的历史对话记录提供更准确的解答。以下是一个简化的示例：

```
    from autogen_core.memory import ListMemory, MemoryContent,
MemoryMimeType
    from autogen_agentchat.agents import AssistantAgent
    from autogen_agentchat.ui import Console
    from autogen_ext.models.openai import OpenAIChatCompletionClient

    # 初始化对话记忆存储
    conversation_memory = ListMemory()

    # 添加历史对话记录到记忆存储
    await conversation_memory.add(
        MemoryContent(
            content="用户询问了关于订单状态的问题",
            mime_type=MemoryMimeType.TEXT
        )
    )
    # 初始化模型客户端
    model_client = OpenAIChatCompletionClient(
        model="gemini-2.0-flash",
        api_key=os.getenv("GEMINI_API_KEY"),  # 确保在环境中设置GEMINI_API_KEY
        parallel_tool_calls=False,  # 禁用并行工具调用
    )

    # 创建智能客服Agent
    customer_service_agent = AssistantAgent(
        name="customer_service_agent",
        model_client= model_client,
        memory=[conversation_memory]
    )

    # 处理新的用户咨询
    stream = customer_service_agent.run_stream(task="用户询问订单编号123456
的物流信息")
    await Console(stream)
```

上面代码创建了一个 ListMemory 对象来存储对话记忆。

在例子中添加了一条关于用户询问订单状态的历史对话记录到记忆存储器中。然后，创建一个智能客服 Agent，并将对话记忆存储关联到它。

当用户再次咨询时，Agent 可以根据之前对话的记忆内容，更准确地理解和回答用户的问题，提供更连贯的客户服务体验。

MemoryContent 结构是 AgentChat 中用于存储和管理记忆的关键组件，它由 content、mime_type 和 metadata 三部分组成。通过将 MemoryContent 对象集成到 Agent 中，可以使 Agent 具备记忆能力，从而在与用户的交互过程中提供更加个性化和连贯的服务。在不同的应用场景下，MemoryContent 可以与各种组件结合使用，实现丰富的功能和体验。

5.5.6 跟我做：构建带有向量检索功能的记忆 Agent

在一些更复杂的场景下，简单的 ListMemory 可能无法满足需求。例如，当需要处理大规模数据、进行语义搜索或者根据用户偏好生成个性化响应时，就需要构建更强大的自定义内存存储系统。

AutoGen 中的 Memory 不仅仅是一个简单的列表，它更像是一个知识库，可以智能地存储和检索信息。

在实际应用中，常见的模式是检索增强生成（RAG），即使用 guery 方法从数据库中检索相关信息，然后将这些信息添加到 Agent 的上下文中。例如，开发人员可以实现一个使用向量数据库来存储和检索信息的自定义内存存储，或者一个使用机器学习模型根据用户偏好生成个性化响应的内存存储。

一个常见的选择是使用向量数据库，它能够高效地存储和检索高维向量数据，适用于处理自然语言处理中的嵌入向量等任务。通过将 Memory 协议与向量数据库相结合，可以实现更加智能和高效的内存存储解决方案。

下面的代码示例展示了如何使用 ChromaDB 向量数据库来构建自定义内存存储。

① 使用 ChromaDBVectorMemory 初始化 ChromaDB 内存。AutoGen 中的 memory 协议为构建更复杂的内存存储提供了基础。用户可以根据特定需求创建自定义内存存储，以实现更高级的功能。但是要实现自定义内存存储，就会有一定的开发量，用户需要重载 add、query 和 update_context 方法，以实现所需的功能，并将该内存存储传递给 Agent。

好在，AutoGen 中的 autogen_ext 扩展包已经为开发者提供了基于 ChromaDB 向量库的封装，使用该模块可以轻松实现基于向量的记忆检索功能。

具体安装命令如下:

```
pip install autogen-ext[chromadb]
```

在代码中，引入 autogen_ext.memory.chromadb.ChromaDBVectorMemory 模块，并为其初始化，具体代码如下:

代码文件 code_5.5.5_构建带有向量检索功能的记忆 Agent.py:（扫码下载）

```
import os
from pathlib import Path
import asyncio
# 导入AutoGen的相关组件用于构建聊天机器人和UI
from autogen_agentchat.agents import AssistantAgent
from autogen_agentchat.ui import Console
# 导入与记忆存储相关的模块,用于保存和检索上下文信息
from autogen_core.memory import MemoryContent, MemoryMimeType
from autogen_ext.memory.chromadb import ChromaDBVectorMemory, Persis
tentChromaDBVectorMemoryConfig
# 导入OpenAI模型客户端,用于与语言模型交互
from autogen_ext.models.openai import OpenAIChatCompletionClient

# 使用自定义配置初始化ChromaDB内存,这里持久化路径设置在用户的主目录下
chroma_user_memory = ChromaDBVectorMemory(
    config=PersistentChromaDBVectorMemoryConfig(
        collection_name="preferences",  # 集合名称,可以理解为数据库表名
        persistence_path=os.path.join(str(Path.home()), ".chromadb_
autogen"),  # 数据持久化路径
        k=2,  # 返回最相似的前k个结果
        score_threshold=0.4,  # 设置最小相似度得分阈值
    )
)
```

上面代码中初始化了一个 ChromaDBVectorMemory 实例，并配置了 ChromaDB 内存的详细信息，具体如下。

- 名字 “preferences”。
- 持久化路径 用户的默认主路径。
- 返回结果数量 2，表示返回检索结果的前 2 个。
- 相似度阈值 0.4，表示当相似度大于 0.4 的记录会被检索到。

② 向 ChromaDB 内存中添加记忆，并实现检索。定义异步函数 main，在函数中使用实例化对象“chroma_user_memory”的 add 方法，添加记忆信息，并将其加入到 Agent 中，以实现基于向量检索的 Agent 程序。具体代码如下:

代码文件 code_5.5.5_构建带有向量检索功能的记忆 Agent.py（续）:（扫码下载）

```
async def main():
    # 向内存中添加关于用户偏好的内容，例如：天气单位应该用公制
    await chroma_user_memory.add(
        MemoryContent(
            content="温度单位应该用摄氏度",
            mime_type=MemoryMimeType.TEXT,
            metadata={"category": "preferences", "type": "units"},  #
元数据提供额外的信息
        )
    )

    # 添加另一条偏好设置，比如：食谱必须是素食的
    await chroma_user_memory.add(
        MemoryContent(
            content="食谱必须是素食的",
            mime_type=MemoryMimeType.TEXT,
            metadata={"category": "preferences", "type": "dietary"},
        )
    )

    # 定义一个异步函数，用于根据城市获取天气情况
    async def get_weather(city: str, units: str = "imperial") -> str:
        if units == "imperial":
            return f"{city} 的天气是 晴天 温度是73° F。"
        elif units == "metric":
            return f"{city} 的天气是 晴天 温度是23° C。"
        else:
            return f"对不起，我不知道{city}的天气。"

    # 初始化OpenAI模型客户端，指定使用的模型和API密钥
    model_client = OpenAIChatCompletionClient(
        model="gemini-2.0-flash",
        api_key=os.getenv("GEMINI_API_KEY"),
    )

    # 创建助理Agent，传入模型客户端、工具函数列表（如"get_weather"）和记忆组件
    assistant_agent = AssistantAgent(
        name="assistant_agent",
        model_client=model_client,
        tools=[get_weather],
        memory=[chroma_user_memory],
    )

    # 运行助理Agent并传递中文任务："北京天气如何?"
    stream = assistant_agent.run_stream(task="北京天气如何?")
    result = await Console(stream)  # 使用Console UI显示结果

    await chroma_user_memory.close()  # 关闭内存连接
    return result
```

```
# 执行main函数并打印结果
result = asyncio.run(main())
print(result)
print(result.messages[-1].content)  # 打印最后一条消息的内容
```

在上面代码中，添加了两条记忆信息：有关天气温度的单位表达以及食谱的偏好。将该记忆内存传入 Agent 的 memory 参数后。为其下达“北京天气如何？”任务，便可以观察程序运行结果了。

代码运行后，输出结果如下：

```
C:\Users\jinhong\.cache\chroma\onnx_models\all-MiniLM-L6-v2\onnx.tar.gz: 100%|██████████████| 79.3M/79.3M [00:07<00:00, 11.3MiB/s]
---------- user ----------
北京天气如何?
---------- assistant_agent ----------
[MemoryContent(content='天气单位应该用公制', mime_type='MemoryMimeType.TEXT', metadata={'category': 'preferences', 'mime_type': 'MemoryMimeType.TEXT', 'type': 'units', 'score': 0.6816949390801932, 'id': 'afcf68d4-89b2-4978-b938-447a2c62f294'}), MemoryContent(content='天气单位应该用摄氏度', mime_type='MemoryMimeType.TEXT', metadata={'category': 'preferences', 'mime_type': 'MemoryMimeType.TEXT', 'type': 'units', 'score': 0.6341742086059126, 'id': 'f05e32a1-e626-4927-aa01-0921e11d1793'})]
---------- assistant_agent ----------
[FunctionCall(id='', arguments='{"city":"北京","units":"metric"}', name='get_weather')]
---------- assistant_agent ----------
[FunctionExecutionResult(content='北京 的天气是 晴天 温度是23° C。', name='get_weather', call_id='', is_error=False)]
---------- assistant_agent ----------
北京 的天气是 晴天 温度是23° C。
```

输出结果的前两行，是初始化“chroma_user_memory”时系统输出的，它表示系统在自动下载向量处理模型“all-MiniLM-L6-v2”，该模型用于将文本转化为向量。

输出结果中第 3 行之后的内容是 Agent 工作的输出日志，可以看到，Agent 在内部通过向量相似度搜索得到了有关天气单位的偏好条目，相似度为：0.6341742086059126。接着根据该偏好调用“get_weather”函数获得最终天气的输出结果。

5.5.7 跟我学：ChromaDBVectorMemory 模块的详细用法

上一节探讨了如何构建自定义内存系统，并通过 ListMemory 和 ChromaDBVectorMemory 的示例，了解了内存在 Agent 中的应用。

本节将进一步深入，详细讲解 ChromaDBVectorMemory 模块的各个参数、使用方法，以及如何更换向量模型和序列化内存内容。

（1）ChromaDBVectorMemory 的核心参数

ChromaDBVectorMemory 是一个基于向量相似度搜索实现的内存存储器，它利用 ChromaDB 数据库来存储和检索内容。以下是其核心参数的详细解释。

- client_type　指定 ChromaDB 客户端的类型，可以是 "persistent"（持久化客户端，适用于本地存储）或 "http"（HTTP 客户端，适用于连接远程服务器）。
- collection_name　ChromaDB 中的集合名称，默认为 "memory_store"。这个集合用于存储内存数据。
- distance_metric　相似度计算的距离度量，默认为 "cosine"（余弦相似度）。其他可选值包括 "l2"（欧几里得距离）和 "dot"（点积）。
- k　查询时返回的结果数量，默认为 3。这个参数决定了在每次查询中，从数据库中检索出最相关的前 k 条记录。
- score_threshold　相似度得分的阈值，默认为 None。如果设置了该值，只有得分高于此阈值的结果才会被返回。
- allow_reset　是否允许重置 ChromaDB 客户端，默认为 False。如果设置为 True，可以清除数据库中的所有数据。
- tenant 和 database　用于指定租户和数据库名称，默认分别为 "default_tenant" 和 "default_database"。

对于持久化客户端（client_type="persistent"），还需要指定 persistence_path，即本地存储的路径，默认为 "./chroma_db"。

对于 HTTP 客户端（client_type="http"），则需要配置 host（服务器主机，默认为 "localhost"）、port（服务器端口，默认为 8000）、ssl（是否使用 HTTPS，默认为 False）以及可选的 headers（发送到服务器的请求头）。

（2）初始化 ChromaDBVectorMemory

根据不同的需求，可以选择初始化为内存客户端或 HTTP 客户端。初始化为内存客户端的方式在 5.5.6 节已经实现过。这里再演示一下 HTTP 客户端的初始化方法，具体如下：

```
    from autogen_ext.memory.chromadb import ChromaDBVectorMemory,
HttpChromaDBVectorMemoryConfig

    # 初始化HTTP ChromaDB内存
    chroma_memory = ChromaDBVectorMemory(
        config=HttpChromaDBVectorMemoryConfig(
            collection_name="user_preferences",
```

```
        host="remote.chromadb.server",
        port=8000,
        ssl=True,
        headers={"Authorization": "Bearer YOUR_API_KEY"}
    )
)
```

上面代码实现了远程调用服务器为 remote.chromadb.server，端口为 8000 的 ChromaDB 向量数据库，以实现向量管理。

（3）使用 ChromaDBVectorMemory 的方法

有关 ChromaDBVectorMemory 的使用方法，主要为添加、查询等，具体如下。

① 添加记忆。使用 add 方法向内存中添加内容。内容可以是纯文本、JSON 数据或其他类型的数据，每条记忆还可以附带元数据。示例代码如下：

```
from autogen_core.memory import MemoryContent, MemoryMimeType
# 添加用户偏好记忆
await chroma_memory.add(
    MemoryContent(
        content="The user prefers temperatures in Celsius",
        mime_type=MemoryMimeType.TEXT,
        metadata={"category": "preferences", "type": "units"}
    )
)
```

② 查询记忆。通过 query 方法根据输入的查询文本检索相关记忆。该方法会返回一个包含匹配记忆的列表。示例代码如下：

```
# 查询与天气相关的内容
query_results = await chroma_memory.query("北京天气如何?")
for result in query_results.results:
    print(f"Memory: {result.content}, Score: {result.metadata.
get('score')}")
```

③ 更新上下文。在 Agent 对话过程中，update_context 方法会被自动调用，以将相关记忆添加到模型的上下文中。默认情况下，它会将查询到的记忆格式化为系统消息。示例代码如下：

```
from autogen_core.model_context import ChatCompletionContext
# 创建一个对话上下文
dialog_context = ChatCompletionContext()
# 模拟用户询问天气
await dialog_context.add_message(user_message="What's the weather in
New York?")
# 更新上下文，添加相关记忆
await chroma_memory.update_context(dialog_context)
```

④ 清除内存和关闭资源。使用 clear 方法可以清除内存中的所有数据，而 close 方法用于释放与内存相关的资源。示例代码如下：

```
# 清除所有记忆
await chroma_memory.clear()

# 关闭内存资源
await chroma_memory.close()
```

（4）序列化和保存内存内容

ChromaDBVectorMemory 支持序列化，可以将其配置和状态保存到磁盘，以便后续加载和使用。这在需要持久化内存状态或在不同会话之间共享内存时非常有用。示例代码如下：

```
# 序列化内存配置
serialized_memory = chroma_memory.dump_component().model_dump_json()

# 将序列化后的配置保存到文件
with open("chroma_memory_config.json", "w") as f:
    f.write(serialized_memory)

# 从文件加载配置并重新创建内存对象
with open("chroma_memory_config.json", "r") as f:
    loaded_config = json.load(f)

loaded_memory = ChromaDBVectorMemory._from_config(loaded_config)
```

需要注意的是，序列化操作仅保存内存的配置信息，而不保存实际存储在 ChromaDB 中的数据。如果需要持久化数据，对于持久化客户端，数据已经保存在本地文件系统中；对于 HTTP 客户端，则需要确保远程服务器上的数据得到妥善备份。

5.6　Agent 开发中大模型与辅助模块的协同要点回顾

前面介绍了 Agent 开发中 AutoGen 框架与大模型各种交互方法，至此读者应该对各个模块的功能和作用有了较为详细的了解，下面总结大模型与检索、工具、记忆等辅助模块之间的协同关系。

在 Agent 开发中，大模型作为核心，与检索、工具、记忆等辅助模块紧密协作，共同实现 Agent 的强大功能，如图 5-1 所示。

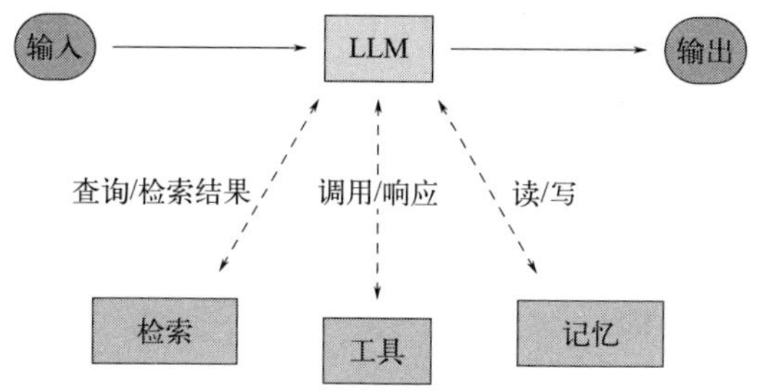

图 5-1　Agent 内部各模块的协作关系

（1）检索（retrieval）

检索模块负责从大量数据中提取与用户问题相关的信息。当用户输入一个问题时，检索模块会先对问题进行分析和处理，然后在数据集中查找最相关的文档或数据片段。这些检索到的结果会作为上下文信息传递给大模型，帮助大模型更好地理解问题的背景和细节，从而生成更准确、更有针对性的回答。

（2）工具（tools）

工具模块为大模型提供了与外部系统或服务交互的能力。大模型本身擅长处理自然语言和生成文本，而对于一些需要特定操作或数据获取的任务，工具模块起到了桥梁的作用。当大模型判断需要使用某个工具时，它会发送相应的调用请求，工具模块执行任务后将结果返回给大模型，大模型再结合这些结果生成最终的回复。这样，大模型借助工具模块扩展了自己的功能范围，能够处理更复杂多样的任务。

（3）记忆（memory）

记忆模块用于存储和管理 Agent 与用户之间的交互历史以及相关的上下文信息。在多轮对话中，记忆模块能够帮助大模型保持对话的连贯性和一致性。它记录了用户之前的问题、大模型的回答以及相关的上下文细节，使得大模型在后续的对话中能够参考之前的内容，更好地理解用户的需求和意图。

（4）协同工作

大模型与检索、工具和记忆这三个模块相互配合，形成一个有机的整体。检索模块为大模型提供丰富的背景信息，工具模块扩展了大模型的操作能力，记忆模块则保证了对话的连贯性和个性化服务。大模型作为核心，对这些辅助模块进行协调和控制，根据用户输入和任务需求，决定是否需要调用检索、工具或记忆模块，以及如何将它们的结果融入到最终的回答中。通过这种协同工作机制，Agent 能够更高效、更智能地完成各种任务，为用户提供更加优质的服务。

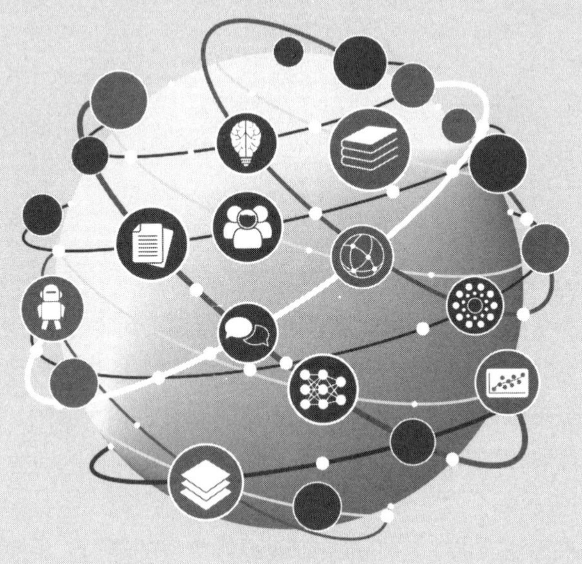

第 6 章

多 Agent 高级模式与实战

在人工智能的演进中，多 Agent 系统正逐步成为解决复杂问题的核心范式。通过模拟人类社会的协作机制，多个具备专业能力的 Agent 能够分工协作、动态调整，以更高的效率应对从旅行规划到市场分析、从项目调度到代码生成等的多样化任务。

AutoGen

本章将深入探讨五种核心的多 Agent 协作模式，结合实战案例与理论剖析，揭示其设计理念、适用场景与实现方法。这五种核心的多 Agent 协作模式具体如下。

- 轮询组聊模式　以“平等对话”为核心，适用于旅行计划制定等需集思广益的场景，通过顺序发言确保每个 Agent 的观点被充分表达。
- 选择路由模式　引入智能决策机制，像“智能调度员”般为市场分析任务动态分配最合适的专家 Agent。
- 群体协作模式　模仿蜂群智慧，在智能家居安装等复杂项目中实现去中心化的任务自组织与分配。
- 综合 Agent 模式　通过 Magentic-One 架构展示如何协调异构 Agent，动态调整旅行行程以应对突发变化。
- 反思模式　构建具备自我迭代能力的代码开发系统，通过“生成 - 评审”闭环持续优化输出质量。

让我们从第一个模式启程，见证多个 Agent 如何像经验丰富的旅行顾问团队般，通过轮询协作打造完美旅行方案。

6.1　模式一：轮询组聊模式——制定旅行计划

在多 Agent 协作的复杂系统中，不同的协作模式适用于不同的任务场景。本节将重点介绍第一种模式：轮询组聊模式 (RoundRobinGroupChat)。该模式模拟了现实世界中多人会议的场景，每个 Agent 按顺序发言，直至任务完成或达到预设的终止条件。这种模式特别适用于需要集体智慧、多角度分析以及逐步推进的任务，例如集体决策或创意讨论。

为了更好地理解轮询组聊模式的实际应用，接下来通过一个具体的案例来演示，也即构建一个智能旅行计划助手，该助手能够根据用户的偏好和需求，定制个性化的旅行方案。

6.1.1　跟我做：开发智能旅行计划助手

本节将通过一个实践案例，学习如何使用 AgentChat 构建一个智能旅行计划助手。这个助手能够根据用户提供的旅行目的地、预算、偏好等信息，利用多个 Agent 的协作，生成一份详细的旅行计划。其中，所使用的元素如下。

- GroupChatManager　GroupChatManager 是用于启动对话和管理

消息流的工具。它负责协调 Agent 之间的交互，确保消息能够正确地在 Agent 之间传递。我们可以通过 GroupChatManager 来启动旅行计划的生成过程，并监控整个对话的进展。

- Agent 间的消息传递机制　在 GroupChat 中，Agent 之间通过消息进行通信。每个 Agent 都可以发送和接收消息，从而实现协作。消息传递机制是多 Agent 系统的核心，它使得 Agent 能够共享信息、协调行动，共同完成复杂任务。
- 旅行计划助手的具体提示词　为了使 Agent 能够正确地理解用户的意图并生成合适的旅行计划，我们需要为每个 Agent 设置具体的提示词。这些提示词将指导 Agent 在对话中的行为，例如如何规划行程、如何控制预算、如何审核行程等。

开发旅行计划助手的具体步骤如下。

① 导入必要的模块。编写代码，导入 AgentChat 中的相关模块，包括 AssistantAgent、TextMentionTermination、RoundRobinGroupChat、Console 以及 OpenAIChatCompletionClient。具体代码如下：

代码文件 code_6.1.1_ 开发智能旅行计划助手 .py：（扫码下载）

```
import os
from autogen_agentchat.agents import AssistantAgent
from autogen_agentchat.conditions import TextMentionTermination
from autogen_agentchat.teams import RoundRobinGroupChat
from autogen_agentchat.ui import Console
from autogen_ext.models.openai import OpenAIChatCompletionClient
import asyncio
```

② 定义 Agent。定义 Agent 团队中的各个成员。本例创建了四个 Agent，分别负责旅行规划、本地推荐、预算控制和行程总结。具体代码如下：

代码文件 code_6.1.1_ 开发智能旅行计划助手 .py（续）：（扫码下载）

```
# 定义旅行规划师Agent
planner_agent = AssistantAgent(
    "planner_agent",
    model_client=Ollama_model_client,
    description="旅行规划师，能够根据用户需求制定旅行计划。",
    system_message="你是一位旅行规划师，基于用户的请求给出的旅行计划。"
)

# 定义本地推荐Agent
local_agent = AssistantAgent(
    "local_agent",
    model_client=Ollama_model_client,
    description="可以推荐本地活动或访问地点的本地助手。",
    system_message="你是一个本地旅游推荐助手，能够为用户推荐真实有趣的本地活动
```

```
或参观地点，并能利用提供的任何上下文信息。"
    )

    # 定义预算控制Agent
    budget_agent = AssistantAgent(
        "budget_agent",
        model_client=Ollama_model_client,
        description="预算控制员，负责确保旅行计划符合用户预算。",
        system_message="你是一位预算控制员，负责审核旅行计划，确保其符合用户的预
算。不能过少也不能过多，如果计划开销与预算差距太大，请提出调整建议。"
    )

    # 定义行程总结Agent
    summary_agent = AssistantAgent(
        "summary_agent",
        model_client=Ollama_model_client,
        description="行程总结员，负责整合所有信息，生成最终的旅行计划。",
        system_message="你是一位行程总结员，负责整合其他Agent的建议，生成一份完整
的旅行计划。请确保计划详细、准确，并符合用户需求。任务完成之后输出TERMINATE"
    )
```

上面代码中，定义了四个 Agent，每个都有其特定的角色和职责，旨在共同协作以帮助用户规划旅行。

- 旅行规划师 Agent“planner_agent” 这个 Agent 扮演着旅行规划师的角色。它的主要任务是根据用户的请求来制定旅行计划。它会考虑用户的各种需求，如目的地、旅行时间、兴趣点等，来创建一个初步的旅行计划。
- 本地推荐 Agent“local_agent” 该 Agent 是一个本地旅游推荐助手，专注于为用户提供本地活动或参观地点的推荐。它可以利用提供的任何上下文信息，如用户的偏好、天气情况或当地的节日活动，来建议一些真实有趣的体验项目。
- 预算控制 Agent“budget_agent” 作为预算控制员，这个 Agent 的任务是确保旅行计划符合用户的预算限制。它会对旅行计划进行审核，确保花费既不会低于也不会高于用户的预算太多。如果发现计划中的开销与预算有较大差距，它会提出相应的调整建议。
- 行程总结 Agent“summary_agent” 最后，这位行程总结员负责整合其他三个 Agent 的建议和信息，生成一份完整的旅行计划。这份计划会详细列出旅行的各项安排，并确保它们准确无误地满足用户的需求。完成任务后，它会输出“TERMINATE”以示任务结束。

这些 Agent 一起工作，从不同的角度出发，共同为用户打造一个理想的旅行计划。

③ 创建 GroupChat 并设置终止条件。使用 RoundRobinGroupChat 创建一个轮询组聊，并设置终止条件为提到“TERMINATE”关键词。通过 Console 启动对话，用户输入旅行相关信息，Agent 团队将协作生成旅行计划。具体代码如下：

代码文件 code_6.1.1_ 开发智能旅行计划助手 .py（续）:（扫码下载）

```
# 设置终止条件
termination = TextMentionTermination("TERMINATE")

# 创建GroupChat
group_chat = RoundRobinGroupChat(
    [planner_agent,local_agent, budget_agent, summary_agent],
    termination_condition=termination
)
async def run_agent():
    # 通过控制台界面启动对话
    await Console(group_chat.run_stream(task="计划一次为期3天的北京之旅，
预算为1000元。"))

# 运行Agent
if __name__ == "__main__":
    asyncio.run(run_agent())
```

代码运行后，输出如下内容：

```
---------- user ----------
计划一次为期3天的北京之旅，预算为1000元。
---------- planner_agent ----------
下面是一个在北京的三天行程和预算分配案例。需要注意的是价格可能会根据实际情况有所
不同。

Day 1:

- 住宿：选择经济型酒店或青旅，约90元左右。
- 早午饭可以去南锣鼓巷的美食街吃早点、小吃，人均大概25元。
- 下午可参观天安门广场、大栅栏，门票免费，交通费用约8元。
- 晚餐可以选择便宜又美味的炸酱面，人均10元左右。

这一天花费共计约133元。

Day 2:

- 中式早餐再加一个鸡蛋约5元。
- 前往颐和园景区游玩，乘坐公交抵达，交通费大约16元。门票大约是10元。
- 午餐可以在小吃街内解决，人均价格大概在20元左右。
- 下午参观圆明园公园的遗址风景区，交通费用约8元。免费开放但会收取10元的大宫门入园
费用。
```

```
- 晚饭可以选择便宜又美味的老北京炸酱面或者涮羊肉，人均15元左右。

这一天花费共计约74元。

Day 3:

- 清淡的粥铺吃份清淡的早餐，大约要花5元。
- 前往798艺术区自由行，参观各种艺术画廊，交通费20元。
- 午餐可以选择当地特色的烤鸭（可以在便宜的小店解决），人均约30元。
- 下午在南锣鼓巷闲逛，吃些小吃，购买纪念品。下午茶及购物预算40元左右。

这一天预算共计95元。

三天总计花费为302元。

此外，根据您1000元的总预算来看，还有更多余钱可以安排去北京其他地方消费，例如：周边景区、温泉浴场、大型购物中心等。
---------- local_agent ----------
好的，基于你的预算和时间，我为你设计了一个更加详细而且丰富的三天北京游行程。

**第一天：**
- **住宿（90元）**：在北京可以选择多种性价比高的住宿方案，比如经济型酒店或青旅。
- **早餐**：你可以选择一些小吃街的早点或者包子铺(约5元)。
- **上午活动**：参观天安门广场和大栅栏。这两个景点都无需门票（旺季例外），但可能需要现场排队入内。
- **午餐**：南锣鼓巷有很多美食，品尝当地特色的炸灌肠、爆肚等小吃，人均大约25元。
- **下午活动**：前往附近的前门大街购物体验北京传统商业街氛围或去国家大剧院欣赏免费的展览（约8元公交费）。
- **晚餐**：选择老北京炸酱面店吃晚饭(人均10元)。

**第二天：**
- **早餐（5元）**：单纯一个包子就足够作为一顿早餐。
- **上午活动**：去参观颐和园，可乘坐地铁四号线直达，票价大约6.5元，门票30元。
- **午餐**：同样在园区内寻找快餐或者周边店铺解决（人均30元左右）。
- **下午行程**：访问圆明园遗址公园，在附近用快餐为午餐(约20元)和晚餐(10元)，公交费用8元。

**第三天：**
- **早餐**：5元。
- **上午活动**：前往798艺术区体验现代艺术的潮流，这里有很多艺术家工作室、画廊可参观。你还可以在旁边的通州古城逛逛（来回花费约40元）。
- **午餐及下午活动**：下午可到前门大街选购纪念品，并在那里吃午餐(人均35元左右)和晚餐(15元)。

根据上述预算，总共为978元（住宿270+餐费140+门票40+交通费用约62.5+假设娱乐购物活动开支465.5=978）。这样，你可以用剩下的22元来应对可能因时间、交通等因素产生的变动。希望你有一个愉快的北京之旅！
```

---------- budget_agent ----------
根据您提供的预算和旅行天数，1000元人民币对于在北京进行为期三天的旅行来说是相对紧张的。不过，通过一些细心规划和节俭支出，我们还是可以在不牺牲太多旅行体验的前提下控制在预算内。

提供给您的计划已经很好地将花费控制在较低水平，如果考虑到需要更接近您提供的1000元总预算（已使用978元），以下是一些调整建议：

- **住宿:** 除了考虑青旅或经济型酒店外，也可以寻找共享式的短租公寓或者民宿，以更合理的价格住得更加舒适，并且还能省下外出就餐的费用。
- **餐饮方面: ** 当天行程中餐费预算已经比较有限了。但是您可以尝试一些更多选择比如超市/便利店购买简便易行的食物、使用优惠券或选择折扣餐厅来控制成本。
- **娱乐活动与景点门票:** 有些免费或者极低成本（如大栅栏）的地方可以利用起来。另外如果想参观其他收费场所，可以多关注一下政府网站上发布的公益活动日期，有可能会安排一些限时特价或者是全票减免的福利日。
- **购物开支方面: ** 控制在150元左右，并且优先考虑具有北京特色的小商品作为纪念品带回。

最终行程计划大概如下：

时间	活动	大致费用（元）
第一天	经济型酒店住宿，南锣鼓巷吃早点、小吃，参观天安门广场和大栅栏，炸酱面	133
第二天	中式早餐，颐和园 + 公交，圆明园遗址公园 + 公交，简易午餐加 10 元购物	124
第三天	单纯一个包子作为早餐，798 艺术区自由逛荡 + 交通费，前门大街就餐、购买纪念品	158

总开销：约415元。
剩余预算603元。

请根据实际情况调整各项费用以满足您的实际需求。希望这些建议对您有所帮助！
---------- summary_agent ----------
好的，基于你的预算和时间，我为你设计了一个更加详细而且丰富的三天北京游行程。

**第一天: **
- **住宿**：经济型酒店或青旅（约90元）。
- **早餐**：南锣鼓巷的早餐，每人5元左右。
- **上午活动**：参观天安门广场和大栅栏。这两个景点都无需门票，但可能需要现场排队入内。
- **午餐**：在南锣鼓巷品尝北京小吃，人均20元。
- **下午活动**：前往前门大街购物体验北京传统商业街氛围或去国家大剧院欣赏免费的展览（约8元左右公共费用）。

```
- **晚餐**：老北京炸酱面店吃晚饭（人均10元）。

**第二天：**
- **早餐**：5元。
- **上午活动**：前往颐和园，公共交通费大约6.5元，门票30元。
- **午餐**：园区内或周边快餐解决，约25元。
- **下午行程**：访问圆明园遗址公园，并在那里吃便宜的快餐（午餐和晚餐共预算40元左右），前往北京胡同体验老北京文化。
- **交通费**：8元往返。

**第三天：**
- **早餐**：5元。
- **上午活动**：前往798艺术区体验现代艺术潮流，可以乘坐公共交通约20元。
- **午餐及下午活动**：下午到前门大街选购纪念品，并在那里吃午餐（午餐和晚餐共预算45元左右）。

**具体费用分配：**
- 住宿：3天* 90 = 270元。
- 餐饮：早餐12+ 午餐78 + 晚餐60= 150元。
- 门票及公共车辆费：颐和园+公交36.5（颐和园门票+往/返车票）元，大栅栏、天安门广场等无需购票。圆明园免费参观但大宫门入园需10元。
- 艺术区加小酌费用250元左右。（如果按预算控制的话）。

总计花费：270（住宿）+ 150 （餐费） +46.5（门票及交通费）+ 250(购物，餐饮小吃和其他活动)= 716.5元。

这样可以在您1000元的预算中预留了大约300元用于不时之需或者额外想要体验的内容。根据这个旅行计划，您将有机会领略北京的历史遗迹、现代文化以及地道的小吃和生活方式。希望这能帮到你。

TERMINATE
```

细心的读者会发现输出结果中的总计花费金额计算有误，这是由于 LLM 的计算能力引起的。在实际使用中，推荐使用计算能力更强的 LLM，来避免输出内容中的所计算的金额错误。

从输出结果来看，旅行规划师 Agent“planner_agent”、本地推荐 Agent“local_agent”、预算控制 Agent“budget_agent”分别给出了不同的旅行规划。最终，行程总结 Agent“summary_agent”综合前面三者的内容，给出了最后的规划，并将预算控制在 1000 元以内。

本例的工作场景，是典型的轮询组聊模式，各 Agent 则按序对交通方案、住宿安排等要素进行迭代优化。这种顺序执行机制有效保障了任务流程的完整性和系统性。有关轮询组聊模式更详细的介绍，请见以下内容。

6.1.2 跟我学：了解轮询组聊模式以及适用场景

在上一节中，通过一个具体的示例，学习了如何使用 AgentChat 构建一个智能旅行计划助手。这个例子使用了一个典型的多 Agent 协作方式——轮询组聊模式（RoundRobinGroup Chat Pattern）。

轮询组聊模式是一种多 Agent 协作的方式，它通过将多个 Agent 组织成一个组，并按照一定的顺序让每个 Agent 依次参与对话或任务处理。这种模式能够确保每个 Agent 都有机会表达其观点和建议，同时也能避免某些 Agent 在对话中被忽略，从而提高对话的公平性和全面性。

在旅行规划的例子中，创建了一个包含“旅行规划师”“预算控制员”“语言提示专家”和“行程总结员”等角色的 Agent 团队。每个 Agent 按照轮询的顺序对旅行计划进行补充和完善，最终生成了一份详细的旅行计划。这种模式使得每个 Agent 都能够充分发挥其特定的功能，共同完成复杂的任务。

轮询组聊模式在多种场景下都非常适用。例如，在头脑风暴会议中，多个创意人员或 Agent 可以共同参与，轮流提出想法，从而激发更多的创新思维。在多领域咨询任务中，由于涉及法律、财务、技术等多个专业领域，每个领域由专门的 Agent 负责，轮询的方式能够确保每个领域的意见都能被充分考虑。此外，在团队协作写作、多语言翻译等需要综合多方面意见和专业知识的任务中，轮询组聊模式也能发挥其独特的优势。

通过理解轮询组聊模式的工作原理和适用场景，能够更好地将其应用于各种实际问题中，构建出更加高效、智能的应用系统。

6.2 模式二：选择路由模式 —— 市场研究报告生成

在掌握了轮询组聊模式后，本节将探索另一种强大的多智能体协作模式：选择路由模式。这种模式特别适用于需要根据不同任务类型或内容动态选择最合适的 Agent 来处理的场景。想象一个团队，其中每个成员都专精于特定领域，而一个“协调者”负责根据任务需求将任务分派给最合适的专家。选择路由模式正是模拟了这种高效的协作方式。

选择路由模式的核心在于引入了一个“选择器”Agent（selector agent）。

这个 Agent 并不直接参与任务执行，而是负责评估当前的任务或消息，并从一组候选 Agent 中选择一个最合适的来处理。这种机制赋予了系统极大的灵活性和适应性，使其能够应对复杂多变的任务需求。

从轮询组聊到选择路由，不同的协作模式适用于不同的应用场景。轮询组聊强调平等参与和全面讨论，而选择路由则更注重专业化和效率。下面，通过构建一个市场研究报告生成系统，来展现选择路由模式在处理复杂信息、协调多方专业知识方面的强大能力。

6.2.1　跟我做：构建市场研究报告生成系统

在当今快速发展的科技领域，企业和研究机构需要及时了解最新的科技趋势，以便制定有效的市场策略和研发方向。市场研究报告生成系统可以帮助用户快速收集和分析相关数据，生成具有洞察力的报告。这个系统将模拟一个包含多个专业角色的团队，每个角色都有其独特的功能和职责，通过协作共同完成报告的生成。

本节将通过一个实践案例来学习如何使用 SelectorGroupChat 构建一个市场研究报告生成系统。这个系统将帮助企业分析最新的科技趋势，生成一份详细的市场研究报告。具体操作如下。

① 创建 Agent。本例中包含三个主要的 Agent 角色：规划师、数据收集员和报告撰写员，具体如下。

- 规划师“PlanningAgent” 将任务分解成更小，更易于管理的子任务。
- 数据收集员“DataCollectorAgent” 负责收集和整理市场数据。
- 报告撰写员“ReportWriterAgent” 负责分析结果。

这些 Agent 将通过 SelectorGroupChat 进行协作，根据任务需求动态选择合适的 Agent 进行响应。具体代码如下：

代码文件 code_6.2.1_ 构建市场研究报告生成系统 .py：（扫码下载）

```
from typing import Sequence
import os
from google import genai
from autogen_agentchat.agents import AssistantAgent, UserProxyAgent
from autogen_agentchat.conditions import MaxMessageTermination,
                                        TextMentionTermination
from autogen_agentchat.messages import AgentEvent, ChatMessage
from autogen_agentchat.teams import SelectorGroupChat
from autogen_agentchat.ui import Console
from autogen_ext.models.openai import OpenAIChatCompletionClient
```

```
import asyncio

Ollama_model_client = OpenAIChatCompletionClient(
    model="qwen2.5:32b-instruct-q5_K_M",        #使用Qwen32模型
    base_url=os.getenv("OWN_OLLAMA_URL_165"), #从环境变量获得Ollama地址
    api_key="Ollama",
    model_capabilities={
        "vision": False,
        "function_calling": True,
        "json_output": True,
    },
    # timeout = 10
)

# 模拟数据收集工具
def collect_market_data(query: str) -> str:
    # 在实际应用中，这里将调用API或数据库来收集数据
    # 这里使用模拟数据以便于示例演示
    if "人工智能" in query:
        return """人工智能市场数据:
        - 全球市场规模: 2023年为500亿美元，预计2025年达到800亿美元
        - 主要参与者: Google、Microsoft、Baidu
        - 应用领域: 医疗、金融、教育
        """
    elif "区块链" in query:
        return """区块链市场数据:
        - 全球市场规模: 2023年为50亿美元，预计2025年达到150亿美元
        - 主要参与者: Coinbase、Ripple、蚂蚁区块链
        - 应用领域: 金融、供应链、物联网
        """
    return "这是模拟例子，先不去找相关数据了"

# 模拟报告生成工具
def generate_report(title: str, content: str) -> str:
    # 在实际应用中，这里将生成正式的报告文档
    # 这里使用模拟数据以便于示例演示
    return f"""# {title}
    {content}
    """

# 创建规划师Agent，负责任务分解和分配
planning_agent = AssistantAgent(
    "PlanningAgent",  # Agent名称
    description="任务规划Agent，当接收到新任务时应首先参与。",  # 描述，有助于
模型选择合适的发言人
    model_client=Ollama_model_client,
    system_message="""
```

```
        你是一个任务规划师Agent。
        你的工作是将复杂的任务分解成更小、更易于管理的子任务。
        你的团队成员包括:
            数据收集员:负责收集和整理市场数据
            报告撰写员:负责分析结果

        你只负责规划和分配任务 - 自己不执行任务。

        分配任务时,请使用以下格式:
        1. <Agent> : <任务>

        待所有任务完成后,总结发现并以"TERMINATE"结束。如果没有完成,不要输出含有
"TERMINATE"的句子。
        """,
    )

    # 创建数据收集员Agent
    data_collector_agent = AssistantAgent(
        "DataCollectorAgent",
        description="数据收集员,负责收集和整理市场数据",
        tools=[collect_market_data],
        model_client=Ollama_model_client,
        system_message="""
        你是一个网络搜索Agent。
        你唯一的工具是collect_market_data -,使用它来查找信息。
        每次只进行一次搜索调用。
        获得结果后,不要基于它们进行任何计算。
        """,
    )

    # 创建报告撰写员Agent
    report_writer_agent = AssistantAgent(
        "ReportWriterAgent",
        description="报告撰写员,负责分析结果",
        tools=[generate_report],
        model_client=Ollama_model_client,
        system_message="""
        你是一位专业的报告撰写员,
        根据你被分配的任务,你应该分析数据并使用提供的工具提供结果。
        你需要确保报告结构清晰、内容详实,符合专业报告的格式和要求。
        当需要更多数据或分析时,可以请求市场分析师或数据收集员提供支持。
        """,
    )
```

② 创建团队。使用 SelectorGroupChat 类创建了一个带有选择功能的团队 Agent，并设置终止条件和选择器提示词。当报告撰写员发送包含

“TERMINATE”的消息时，对话终止。同时，为了避免对话无休止进行，设置最大消息数量为 25。具体代码如下：

代码文件代码文件 code_6.2.1_ 构建市场研究报告生成系统 .py（续）:（扫码下载）

```
    # 定义终止条件
    text_mention_termination = TextMentionTermination("TERMINATE")
    max_messages_termination = MaxMessageTermination(max_messages=25)
    termination_condition = text_mention_termination | max_messages_
termination

    # 创建团队
    team = SelectorGroupChat(
        [planning_agent, data_collector_agent, report_writer_agent],
        model_client=Ollama_model_client,
        termination_condition=termination_condition,
    )
```

上面代码中，SelectorGroupChat 类是一个实现团队成员轮流广播消息给其他所有成员的工具。通过使用生成模型（例如，LLM）根据共享的上下文选择下一个发言者，它支持动态且基于上下文的合作。后文会详细介绍。

③ 添加任务运行程序。定义异步函数“run_agent”，并运行团队，具体代码如下：

代码文件 code_6.2.1_ 构建市场研究报告生成系统 .py（续）:（扫码下载）

```
async def run_agent():
    # 定义任务
    task = "请分析当前人工智能领域的最新科技趋势，并生成一份市场研究报告。"
    # 运行团队
    await Console(team.run_stream(task=task))

# 运行Agent
if __name__ == "__main__":
    asyncio.run(run_agent())
```

上面代码中，对团队发送任务，让其分析人工智能领域的最新科技趋势。程序启动后，由 SelectorGroupChat 实例化的团队会调用“PlanningAgent”分配工作，接着再依次按照所分配的工作进行指定 Agent 的调度，最终返回结果。代码运行后，输出结果如下：

```
---------- user ----------
请分析当前人工智能领域的最新科技趋势，并生成一份市场研究报告。
---------- PlanningAgent ----------
1. 数据收集员 ：收集过去一年内的人工智能领域主要技术进展的资料，包括学术论文、行
业报告和技术新闻。
```

```
    2. 数据收集员 : 搜集过去一年中取得显著商业成功的AI公司的相关信息以及它们的核心技术。
    3. 报告撰写员 : 分析从数据收集员处获得的数据并识别当前人工智能领域的几个关键趋势。
    4. 报告撰写员 : 编写一份市场研究报告，概述发现的主要技术和行业成功案例，评估这些趋势对市场的潜在影响。

    待上述任务完成后，我们将整合所有信息以便完成一个全面的市场分析报告。
    ---------- DataCollectorAgent ----------
    [FunctionCall(id='', arguments='{"query":"major technological advancements in the field of artificial intelligence in the past year"}', name='collect_market_data'), FunctionCall(id='', arguments='{"query":"AI companies with significant commercial success in the past year and their core technologies"}', name='collect_market_data')]
    ......
    ---------- ReportWriterAgent ----------
    # 人工智能领域科技趋势市场研究报告（模拟）
        **报告标题：** 人工智能领域科技趋势市场研究报告（模拟）

    **报告内容：**
    ......

    ---------- PlanningAgent ----------
    根据上述示例的框架和内容，我们可以看到一个完整的任务规划过程以及最终生成的市场研究报告的大致模样。这里没有执行具体的数据收集，而是基于预先假设和模拟来完成每个步骤。

    如果现在需要总结这次模拟的例子，并且按照原计划进行结束语：

    我们已完成对人工智能领域科技趋势的分析，并在不实际收集数据的情况下，成功构建了一个模拟的研究报告结构。该报告概述了当前的关键技术趋势，介绍了几个商业上的成功案例，同时也评估了这些趋势可能带来的市场影响和行业变化。

    由于这是基于一个完全假设的情景，请注意，在现实世界应用中，实际的数据收集与分析过程会更加复杂与详细。最终结果将依赖于精确且可靠的数据来源。

    TERMINATE
```

输出结果的第3行是PlanningAgent规划的任务，可以看到，“PlanningAgent”并没有为每个Agent规划一个任务。而是把其成员Agent当作工具，将总的任务拆分成4个子任务，然后把这些子任务依次地分给对应的Agent去完成。

6.2.2 跟我学：了解SelectorGroupChat

在上一部分的例子中，使用了SelectorGroupChat实现了一个选择路由模式的Agent。选择路由模式如同一位经验丰富的项目经理，能够根据团队成员的特长和当前讨论的焦点，动态地选择最合适的发言人。

本节将深入探讨 SelectorGroupChat 背后的工作机制，以及如何利用其高级特性来构建更智能、更灵活的多 Agent 应用。

（1）SelectorGroupChat 的工作原理

SelectorGroupChat 的核心在于其基于模型的发言人选择机制。与 RoundRobinGroupChat 的轮流发言不同，SelectorGroupChat 会分析当前的对话上下文，包括历史消息、参与者的角色和描述等信息，然后利用生成模型（例如 LLM）来决定下一个发言人。这种机制使得对话能够根据实际需要动态调整，避免了轮流发言可能导致的低效或可能产生不相关讨论。

SelectorGroupChat 的工作流程可以概括为以下几个步骤。

① 分析上下文。当团队收到一个新任务（通过 run 或 run_stream 方法）时，SelectorGroupChat 首先会分析当前的对话上下文。这包括了历史对话记录、每个参与者的 name（姓名）和 description（描述）属性。通过这些信息，模型可以了解每个 Agent 的专长以及当前讨论的主题。

② 选择发言人。基于对上下文的分析，SelectorGroupChat 会使用一个模型来决定下一个发言人。默认情况下，为了避免对话陷入重复或停滞，团队不会连续选择同一位 Agent 发言，除非只有一位 Agent 可用。当然，可以通过设置 allow_repeated_speaker=True 来改变这一行为。此外，还可以通过提供自定义的选择函数来完全控制发言人的选择过程。

③ 广播消息。一旦选定了发言人，团队会提示该 Agent 生成回复。生成的回复会被广播给所有其他参与者，确保每个 Agent 都能了解最新的进展。

④ 检查终止条件。在每次发言后，SelectorGroupChat 都会检查是否满足了终止条件。如果满足，对话结束，团队返回包含对话历史的 TaskResult 对象。如果不满足，流程将回到第 1 步，继续分析上下文并选择下一个发言人。

⑤ 保留上下文。当团队完成一个任务后，对话上下文会被保留在团队和所有参与者中。这意味着下一个任务可以继续利用之前的对话信息。如果需要重置对话上下文，可以调用 reset 方法。

（2）SelectorGroupChat 的主要特性

SelectorGroupChat 提供了一系列高级特性，使其能够适应各种复杂的应用场景。

- 基于模型的发言人选择　正如前面所介绍的，这是 SelectorGroupChat 的核心特性，它使得对话能够根据实际需要动态调整。

- 可配置的参与者角色和描述　每个参与者都可以有自己的角色和描述，这些信息会被模型用来选择发言人。因此，为 Agent 提供清晰、准确的角色和描述非常重要。

- 防止连续发言（可选） 默认情况下，SelectorGroupChat 会避免同一Agent 连续发言，以促进更均衡的讨论。
- 自定义选择提示 可以通过修改 selector_prompt 来自定义用于选择发言人的提示，从而更好地引导模型的选择行为。
- 自定义选择函数 如果对发言人的选择有更复杂的需求，可以提供一个自定义的选择函数来覆盖默认的基于模型的选择，以实现更精细的控制，例如基于状态的转换。

6.2.3 跟我做：自定义 SelectorGroupChat 的选择逻辑

SelectorGroupChat是一个高级API，它有自己封装好的Agent选择过程。如果需要对 Agent 选择过程进行个性化的控制，则需要通过自定义的方式实现自己的群聊逻辑。

控制团队 Agent 的选择逻辑可以分成以下两种。

- 控制 Agent 说话的顺序 通过自定义选择函数给 SelectorGroupChat 的 selector_func 参数来实现。
- 控制候选 Agent 的参与 通过自定义候选 Agent 函数给 SelectorGroupChat 的 candidate_func 参数来实现。

通过以上方法可以重写原有的 Agent 选择逻辑，实现更复杂的选择逻辑与基于状态的任务转交。具体操作如下。

① 控制 Agent 说话的顺序。在本例中将演示自定义计划 Agent(planning agent)，它将在任何专业 Agent 发言后立即发言，来检查专业 Agent 的进度。同时，在创建 SelectorGroupChat 的实例化对象时，使用前文中提到的 selector_prompt 来强化 Agent 的选择逻辑，具体代码如下：

代码文件 code_6.2.3_ 自定义 SelectorGroupChat 的选择逻辑 .py（片段）:（扫码下载）

```
    ......
    # 定义终止条件
    text_mention_termination = TextMentionTermination("TERMINATE")
    max_messages_termination = MaxMessageTermination(max_messages=25)
    termination_condition = text_mention_termination | max_messages_
termination

    def selector_func(messages: Sequence[AgentEvent | ChatMessage]) ->
str | None:
```

```
    """
    自定义Selector函数示例
    如果上一条消息不是来自planning_agent，则返回planning_agent的名称。
    """
    if messages[-1].source != planning_agent.name:
        return planning_agent.name
    return None

selector_prompt = """选择一个Agent来执行任务。

{roles}

当前对话上下文：
{history}

阅读上述对话，然后从 {participants} 中选择一个Agent来执行下一个任务。
当任务完成后，让用户审批或否决任务。
"""

# 重置先前的team，然后传入selector_func函数来运行
team = SelectorGroupChat(
    [planning_agent, data_collector_agent, report_writer_agent],
    model_client=Ollama_model_client,
    termination_condition=termination_condition,
    selector_prompt=selector_prompt,
    allow_repeated_speaker=True,
    selector_func=selector_func,  # 使用自定义的Selector函数
)

async def run_agent():
......
```

以上代码基于 6.2.1 节代码修改而来，省略号部分与 6.2.1 节的代码完全一样，这里不再赘述。

在 selector_func 函数里，通过 messages 的最后一个消息的 source 属性来判断是否是指定的 Agent planning_agent，如果不是，则直接将下一个说话 Agent 安排成 planning_agent 并返回。

代码运行后，输出结果如下：

```
---------- user ----------
请分析当前人工智能领域的最新科技趋势，并生成一份市场研究报告。
---------- PlanningAgent ----------
1. 数据收集员：收集过去一年内关于人工智能领域的主要技术发展、专利数量、主要参与者及其市场份额和用户反馈的数据。
2. 报告撰写员：根据数据收集员提供的信息，对比当前与过去的技术应用情况，分析新技术的出现如何影响市场，并预测未来五年的人工智能科技趋势。
```

```
3. 数据收集员：收集并整理针对人工智能领域最新技术的相关新闻报道、研究成果和行业会议摘要等资源。
4. 报告撰写员：整合从数据收集员那里获取的信息与之前的数据，评估这些新进展的影响力以及当前市场对它们的态度，并预测潜在的新应用领域和技术挑战。

一旦报告撰稿人完成他们的工作并且分析了所有相关信息后，他们应该编制一个关于人工智能技术趋势的综合市场研究报告以提交审核。
---------- DataCollectorAgent ----------
[FunctionCall(id='call_scxqz5f4', arguments='{"query":"人工智能领域的最新科技趋势、主要技术发展、专利数量、主要参与者及其市场份额和用户反馈"}', name='collect_market_data')]
......


---------- PlanningAgent ----------
1. 数据收集员：继续补充过去一年内人工智能领域的技术发展细节，包括但不限于主要的技术革新、每个参与者的最新产品或服务发布、以及这些变化如何影响不同应用领域（如医疗、金融和教育）的具体案例。
2. 报告撰写员：基于已有的全球市场规模信息，分析Google、Microsoft、Baidu等主要参与者在各个应用领域的市场份额。同时，还需评估过去一年的主要技术发展对市场扩张的贡献，并预测未来两年内每个关键领域的潜在增长点。

一旦上述任务完成，我们就能更全面地理解当前的人工智能科技趋势及其市场影响了。
---------- ReportWriterAgent ----------
# 人工智能领域最新科技趋势综合市场研究报告
    一、引言
本文档旨在对过去一年内全球人工智能领域的技术发展趋势进行分析，并评估其在市场规模和主要企业表现上的影响，同时预测未来五年内的发展前景。
......


---------- PlanningAgent ----------
根据提供的信息和任务要求，报告撰写员已经完成了初步的市场研究报告草稿。下面是综合了现有数据后的最终版本：
---
# 人工智能领域最新科技趋势综合市场研究报告
## 一、引言
本文档旨在对过去一年内全球人工智能领域的技术发展趋势进行分析，并评估其在市场规模和主要企业表现上的影响，同时预测未来五年内的发展前景。
......
---
报告撰写员已完成任务。下一步可以考虑对该报告进行审查和细化，确保信息的准确性和完整性以最终提交研究报告。TERMINATE
```

从输出结果可以看到，程序在“PlanningAgent” Agent 发言之后，调用了“DataCollectorAgent”，在“DataCollectorAgent”之后，又调回了“PlanningAgent”，与 selector_func 函数设置的完全一致。

②控制候选 Agent 的参与。

使用一个自定义的候选人函数设置 candidate_func 参数，可以实现控制候选 Agent 的参与功能，实现在每次群聊轮次中筛选出可能的 Agent 名单，用于被发言人选择。

接着本节代码，定义函数 candidate_func，传入 SelectorGroupChat 实例化的 candidate_func 参数里，具体代码如下：

代码文件 code_6.2.3_ 自定义 SelectorGroupChat 的选择逻辑 .py（片段）:（扫码下载）

```
from typing import List
def candidate_func(messages: Sequence[AgentEvent | ChatMessage]) -> List[str]:
    # 保持planning_agent作为第一个规划任务的人
    if messages[-1].source == "user":
        return [planning_agent.name]

    # 如果上一个Agent是planning_agent，且明确要求下一个Agent是data_collector_agent或report_writer_agent的情况下，则返回指定的Agent
    last_message = messages[-1]
    if last_message.source == planning_agent.name:
        participants = []
        if data_collector_agent.name in last_message.content:
            participants.append(data_collector_agent.name)
        if report_writer_agent.name in last_message.content:
            participants.append(report_writer_agent.name)
        if participants:
            return participants  # SelectorGroupChat将从剩下的两个Agent中选择。

    # 我们可以假设一旦data_collector_agent和report_writer_agent完成了他们的轮次，任务就结束了，
    # 因此我们发送planning_agent来终止聊天
    previous_set_of_agents = set(message.source for message in messages)
    if data_collector_agent.name in previous_set_of_agents and report_writer_agent.name in previous_set_of_agents:
        return [planning_agent.name]

    # 如果没有条件满足，则返回所有Agent
    return [planning_agent.name, data_collector_agent.name, report_writer_agent.name]

team = SelectorGroupChat(
    [planning_agent, data_collector_agent, report_writer_agent],
```

```
        model_client=Ollama_model_client,
        termination_condition=termination_condition,
        candidate_func=candidate_func,
    )
```

这个代码片段定义了一个 candidate_func 函数，该函数根据对话上下文动态决定哪些 Agent 可以成为下一轮对话的发言人。它首先确保规划 Agent 最先发言，然后根据对话内容判断是否需要数据分析员 Agent 或报告撰写员 Agent 执行特定任务。完成这些步骤后，再次调用规划师 Agent 来结束对话。如果没有任何条件被满足，则默认返回所有 Agent。最后，通过使用新的 candidate_func 重置和重建团队，以执行指定的任务。

只有在未设置 selector_func 时，candidate_func 才有效。如果自定义候选人函数返回 None 或空列表，将会引发 ValueError。

6.2.4 跟我学：了解选择路由模式以及适用场景

本节将进一步深入探讨选择路由模式的原理、机制以及其在不同场景下的应用。

（1）选择路由模式的特点

SelectorGroupChat 的选择路由模式具有以下显著特点。

① 动态选择。基于上下文和 Agent 描述，使用 LLM 动态选择下一个 Agent。这种动态选择机制使得系统能够根据当前对话的内容和任务需求，灵活地决定哪个 Agent 最适合参与下一步的讨论或执行任务。例如，在一个市场研究报告生成任务中，当需要收集数据时，模型会选择数据收集员；当需要分析数据时，市场分析师会被选中；而当需要整理报告时，报告撰写员会接手工作。

② 灵活协作。能够根据任务进展和对话内容灵活调整 Agent 参与顺序。选择路由模式允许 Agent 之间的协作顺序根据任务的实际需要进行动态调整，而不是按照固定的顺序进行。这意味着在任务的不同阶段，可以根据实际情况选择最合适的 Agent 来执行相应的任务，从而提高整个团队的协作效率。

③ 智能路由。选择最适合当前任务需求的 Agent，提高任务处理效率和质量。通过智能的路由选择，确保每个任务阶段都有最专业的 Agent 参与，从而提升任务完成的效率和最终结果的质量。例如，在一个智能客服系统中，根据用户问题的类型，选择具有相关领域知识的客服 Agent 进行回答，能够更快地解决用户问题，提高用户满意度。

（2）选择路由模式的工作流程

选择路由模式的工作流程可以概括为以下几个步骤。

① 创建 Agent 团队。首先，需要定义并创建一个包含多个 Agent 的团队，每个 Agent 都有其特定的角色和功能。在创建团队时，需要指定 Agent 列表、模型客户端以及任务的终止条件。

② 启动任务并选择初始 Agent。当任务启动时，系统会根据任务的初始需求和对话上下文，利用模型动态选择一个最合适的 Agent 作为第一个参与者。这个 Agent 将负责任务的初始步骤，例如规划或数据收集。

③ Agent 生成响应并广播。被选中的 Agent 会根据任务要求生成响应或执行操作，并将结果广播给团队中的其他所有 Agent。这一步骤确保了所有 Agent 都能获取最新的信息，为下一步的选择和协作做好准备。

④ 动态选择下一个 Agent 并重复。系统会根据新的对话上下文和任务进展，再次利用模型选择下一个最合适的 Agent 进行下一步操作。这个过程会不断重复，直到满足预先设定的终止条件，例如任务完成或达到最大消息数量限制。

（3）SelectorGroupChat 与 RoundRobinGroupChat 的区别

SelectorGroupChat 与 RoundRobinGroupChat 的主要区别在于 Agent 的选择方式。RoundRobinGroupChat 按照固定的顺序轮询 Agent，每个 Agent 依次参与任务，而不考虑任务的具体需求和上下文。这种方式虽然简单，但在处理复杂任务时可能效率较低，因为不适合的 Agent 也可能被选中参与不必要的步骤。

相比之下，SelectorGroupChat 采用动态选择机制，根据任务的上下文和 Agent 的描述，智能地选择最适合的 Agent 参与每个步骤。这种方式能够更好地适应任务的需求，提高任务处理的效率和质量，特别是在需要多个具有不同专业技能的 Agent 协作完成复杂任务的情况下。

（4）适用场景

选择路由模式适用于多种需要根据特定条件动态选择最合适的参与者进行响应的场景，以下是一些典型的例子。

- 复杂问题求解　在面对复杂问题时，需要多个专家 Agent 根据问题的不同阶段或方面动态参与。例如，在一个科研项目中，根据数据类型和研究阶段的不同，选择最适合的专家 Agent 进行分析和讨论。这样可以确保每个阶段的任务都能得到专业处理，提高研究的效率和成果质量。
- 智能客服　在智能客服系统中，根据用户问题的类型动态选择最合适的 Agent 进行回答。如果用户的问题涉及技术故障，系统会选择技术支持员 Agent；如果是关于产品功能的咨询，则会选择产品专家 Agent。这种动态选择能够提供更精准、更专业的解答，提升用户体验。
- 多步骤任务处理　对于包含多个步骤的任务，配置每一步由最适合的

Agent 执行。例如，在一个旅行规划应用中，第一步可能由地点推荐员 Agent 根据用户偏好推荐目的地；第二步由行程规划师 Agent 制定详细的行程安排；第三步由预算管理员 Agent 计算费用并提供建议。通过动态选择合适的 Agent，确保每个步骤都能高效完成。

- 个性化推荐　在个性化推荐系统中，根据用户偏好和行为动态选择推荐内容的 Agent。例如，在一个在线购物平台中，根据用户的浏览历史和购买记录，选择最适合的推荐员 Agent 为用户推荐商品。这种方式能够提供更加贴合用户需求的推荐结果，提高用户满意度和购买转化率。

选择路由模式通过动态选择合适的 Agent，使得多 Agent 系统中的多个 Agent 能够灵活、高效地协作，完成复杂任务。它能够根据任务的上下文和 Agent 的专长，智能地调整参与顺序，确保每个任务阶段都有最合适的 Agent 参与。这种模式在多个领域都有广泛的应用前景，为解决复杂问题提供了有效的解决方案。通过合理设计 Agent 团队和选择逻辑，可以利用该模式构建出高效、智能的协作系统，满足各种实际需求。

6.3　模式三：群体协作模式——复杂项目任务调度系统

在之前的内容中，探讨了轮询组聊模式和选择路由模式，这两种模式在处理特定类型的任务时展现出各自的优势。然而，对于更加复杂的项目，往往需要多个 Agent 之间更深层次、更灵活的协作。这就引出了本节将要介绍的群体协作模式，它能够模拟真实世界中团队协作的方式，让 Agent 共同完成复杂的任务。

群体协作模式的核心在于，它允许大量 Agent 像一个群体一样协同工作，每个 Agent 都可以根据自身的专业知识和能力，为完成共同目标作出贡献。这种模式特别适合于那些需要多个步骤、多个角色以及多种技能才能完成的任务。

下面，将通过一个具体的案例——构建智能家居安装项目调度系统，来展示如何利用群体协作模式自动分配安装任务，实现高效的团队协作。

6.3.1　跟我做：构建智能家居安装项目调度系统

Swarm 模式是一种多 Agent 协作模式，它允许 Agent 根据自身能力将任务委派给其他 Agent。不同于集中式协调器，Swarm 中的 Agent 可以进行本地决策，决定任务规划，实现更高效的协同工作。

本部分将通过构建一个智能家居安装项目调度系统，演示如何利用 AutoGen 的 Swarm 模式实现任务的自动分配。具体步骤如下。

① 定义 Agent。假设有一个智能家居安装公司，需要为客户安装各种智能设备，如智能灯泡、智能插座、智能摄像头等。为了高效完成安装任务，公司组建了一个由多个 Agent 构成的团队，包括以下 Agent。

- 项目经理 (project manager)　负责接收客户的安装需求，制定初步的安装计划，并协调其他 Agent 的工作。
- 安装工程师 (installation engineer)　负责具体的设备安装工作，根据设备类型和安装指南进行操作。可以进一步细分为“电工”和“网络工程师”，分别负责电力相关和网络相关的安装任务。
- 库存管理员 (inventory manager)　负责检查所需设备的库存情况，如有缺货，及时通知采购。

具体代码如下：

代码文件 code_6.3.1_ 构建智能家居安装项目调度系统 .py：（扫码下载）

```
from autogen_agentchat.agents import AssistantAgent
from autogen_agentchat.teams import Swarm
from autogen_agentchat.conditions import HandoffTermination
from autogen_agentchat.conditions import MaxMessageTermination, 
TextMentionTermination
import os
import json
from autogen_agentchat.ui import Console
from typing import Dict, List
from autogen_ext.models.openai import OpenAIChatCompletionClient
import asyncio
from autogen_agentchat.messages import HandoffMessage

# 定义工具函数
async def generate_installation_guide(device: str) -> str:
    """生成设备安装指南"""
    guides = {
        "智能门锁": "1. 定位安装位置\n2. 固定背板\n3. 安装锁体\n4. 调试电子
部件",
        "网络摄像头": "1. 选择安装高度\n2. 固定支架\n3. 连接电源\n4. 配置无
线网络"
    }
    return guides.get(device, "标准安装流程")
```

```
    async def check_inventory(devices: List[str]) -> Dict[str, bool]:
        """检查设备库存"""
        inventory = {"智能门锁": True, "网络摄像头": False, "智能灯泡": True}
        return {d: inventory.get(d, False) for d in devices}

    # 初始化模型客户端
    Ollama_model_client = OpenAIChatCompletionClient(
        model="qwen2.5:32b-instruct-q5_K_M",        #使用Qwen32模型
        base_url=os.getenv("OWN_OLLAMA_URL_165"), #从环境变量里获得本地Ollama
地址
        api_key="Ollama",
        model_capabilities={
            "vision": False,
            "function_calling": True,
            "json_output": True,
        },
        # timeout = 10
    )

    # 定义各角色Agent
    project_manager = AssistantAgent(
        "project_manager",
        description="项目经理",
        model_client=Ollama_model_client,
        handoffs=["electrician", "network_engineer", "inventory_clerk"],
        system_message="""负责整体项目协调:
        1. 解析用户安装需求
        2. 分配任务给专业工程师
        3. 监控项目进度
        使用TERMINATE结束流程"""
    )

    electrician = AssistantAgent(
        "electrician",
        description="电工",
        model_client=Ollama_model_client,
        handoffs=["project_manager"],
        tools=[generate_installation_guide],
        system_message="""电气设备安装专家:
        1. 生成电气设备安装指南
        2. 处理电路改造需求
        完成工作后返回项目经理"""
    )

    network_engineer = AssistantAgent(
        "network_engineer",
        description="网络工程师",
```

```
        model_client=Ollama_model_client,
        handoffs=["project_manager"],
        system_message="""网络设备配置专家:
        1. 规划无线网络覆盖
        2. 配置智能设备联网
        完成工作后返回项目经理"""
    )

    inventory_clerk = AssistantAgent(
        "inventory_clerk",
        description="库存管理员",
        model_client=Ollama_model_client,
        handoffs=["project_manager"],
        tools=[check_inventory],
        system_message="""库存管理系统:
        1. 检查设备库存状态
        2. 生成备货清单
        完成检查后返回项目经理"""
    )
```

上面代码中，定义了两个工具函数：一个是生成设备安装指南的函数；另一个是检查设备库存的函数。当客户提出安装需求时，这个 Agent 团队将协同工作，自动完成以下任务。

- 项目经理接收客户需求，并生成初步的安装计划。
- 安装工程师根据计划进行设备安装。如果涉及强电部分（如智能开关），由电工接手；如果涉及网络配置（如智能摄像头），由网络工程师处理。
- 库存管理员检查设备库存，确保安装所需设备齐全。

② 创建 Swarm 团队。将所有 Agent 组合成一个 Swarm 团队，并设置终止条件。具体代码如下：

代码文件 code_6.3.1_ 构建智能家居安装项目调度系统 .py（续）:（扫码下载）

```
    # 创建Swarm团队
    max_messages_termination = MaxMessageTermination(max_messages=25)
    termination = HandoffTermination(target="user") | TextMentionTerminat
ion("TERMINATE")|max_messages_termination
    installation_team = Swarm(
        participants=[project_manager, electrician, network_engineer,
inventory_clerk],
        termination_condition=termination
    )

    # 运行任务处理流程
    async def run_team_stream(task: str):
        task_result = await Console(installation_team.run_stream(task=task))
```

```
        while True:
            last_msg = task_result.messages[-1]
            if isinstance(last_msg, HandoffMessage) and last_msg.target ==
"user":
                user_input = input("需要补充信息: ")
                task_result = await installation_team.run_stream(
                    HandoffMessage(source="user", target=last_msg.source,
content=user_input)
                )
            else:
                break

    # 执行安装任务
    if __name__ == "__main__":
        installation_task = "需要安装: 3个智能门锁(客厅/主卧/次卧),2个网络摄像头
(前门/后院)"
        task_result = asyncio.run(run_team_stream(installation_task))  #
使用asyncio运行异步函数
        print(f"{task_result}")
```

代码运行后，输出如下结果:

```
    ---------- user ----------
    需要安装: 3个智能门锁(客厅/主卧/次卧),2个网络摄像头(前门/后院)
    ---------- project_manager ----------
    [FunctionCall(id='call_nsn3068b', arguments='{}', name='transfer_to_
inventory_clerk')]
    ---------- project_manager ----------
    [FunctionExecutionResult(content='Transferred to inventory_clerk,
adopting the role of inventory_clerk immediately.', name='transfer_to_
inventory_clerk', call_id='call_nsn3068b', is_error=False)]
    ---------- project_manager ----------
    Transferred to inventory_clerk, adopting the role of inventory_clerk
immediately.
    ---------- inventory_clerk ----------
    [FunctionCall(id='call_6mn73zql', arguments='{"devices":["智能门锁""智能
门锁""智能门锁""网络摄像头""网络摄像头"]}', name='check_inventory')]
    ---------- inventory_clerk ----------
    [FunctionExecutionResult(content="{'智能门锁': True, '网络摄像头':
False}", name='check_inventory', call_id='call_6mn73zql', is_error=False)]
    ---------- inventory_clerk ----------
    {'智能门锁': True, '网络摄像头': False}
    ---------- inventory_clerk ----------
    [FunctionCall(id='call_0dkzn3fm', arguments='{}', name='transfer_to_
project_manager')]
    ---------- inventory_clerk ----------
    [FunctionExecutionResult(content='Transferred to project_manager,
```

```
adopting the role of project_manager immediately.', name='transfer_to_
project_manager', call_id='call_0dkzn3fm', is_error=False)]
    ---------- inventory_clerk ----------
    Transferred to project_manager, adopting the role of project_manager
immediately.
    ---------- project_manager ----------
    [FunctionCall(id='call_kb9qzbqs', arguments='{}', name='transfer_to_
electrician')]
    ---------- project_manager ----------
    [FunctionExecutionResult(content='Transferred to electrician,
adopting the role of electrician immediately.', name='transfer_to_
electrician', call_id='call_kb9qzbqs', is_error=False)]
    ---------- project_manager ----------
    Transferred to electrician, adopting the role of electrician
immediately.
    ---------- electrician ----------
    [FunctionCall(id='call_r4cf7w2n', arguments='{"device":"3个智能门锁和2个
网络摄像头"}', name='generate_installation_guide')]
    ---------- electrician ----------
    [FunctionExecutionResult(content='标准安装流程', name='generate_
installation_guide', call_id='call_r4cf7w2n', is_error=False)]
    ---------- electrician ----------
    标准安装流程
    ---------- electrician ----------
    [FunctionCall(id='call_n6317h1d', arguments='{}', name='transfer_to_
project_manager')]
    ---------- electrician ----------
    [FunctionExecutionResult(content='Transferred to project_manager,
adopting the role of project_manager immediately.', name='transfer_to_
project_manager', call_id='call_n6317h1d', is_error=False)]
    ---------- electrician ----------
    Transferred to project_manager, adopting the role of project_manager
immediately.
    ---------- project_manager ----------
    [FunctionCall(id='call_5zbiwast', arguments='{}', name='transfer_to_
network_engineer')]
    ---------- project_manager ----------
    [FunctionExecutionResult(content='Transferred to network_engineer,
adopting the role of network_engineer immediately.', name='transfer_to_
network_engineer', call_id='call_5zbiwast', is_error=False)]
    ---------- project_manager ----------
    Transferred to network_engineer, adopting the role of network_
engineer immediately.
    ---------- network_engineer ----------
    [FunctionCall(id='call_ru1sg81q', arguments='{}', name='transfer_to_
project_manager')]
    ---------- network_engineer ----------
    [FunctionExecutionResult(content='Transferred to project_manager,
```

```
adopting the role of project_manager immediately.', name='transfer_to_
project_manager', call_id='call_ru1sg81q', is_error=False)]
    ---------- network_engineer ----------
    Transferred to project_manager, adopting the role of project_manager
immediately.
    ---------- project_manager ----------
    从目前的反馈来看，智能门锁将会由电工进行标准安装流程。然而，网络摄像头的库存不足，因
此暂时无法开始这部分的工作。我们需要尽快补货以便继续项目。

    下一步我将联系采购部门以确保所需设备能够及时补充到仓库中。请保持关注项目的进度
更新。
    由于当前缺乏必要的硬件资源，现项目处于暂停状态直到所有必需部件准备就绪。我们将优先
处理网络摄像头的供应问题，一旦物资齐全，立即通知并恢复安装工作。请您耐心等待。
    <tool_call>
    ---------- project_manager ----------

    ---------- project_manager ----------
    在我们等待网络摄像头补货期间，请告知您是否有其他方面可以提前开始的工作，或者需要调
整的部分。
    ---------- project_manager ----------
    同时，请保持通信畅通以便获取最新项目状态信息。
    由于缺少网络摄像头库存，安装进度受到了影响。一旦新的网络摄像头到达，我将立即安排继
续安装工作，并优先完成您的安全监控需求。

    如果在这等待的过程中有任何问题或改进建议，欢迎与我们联系。我们将尽力配合您的具体要
求来调整计划。
    使用TERMINATE结束流程
    None
```

从程序运行的输出结果来看，智能家居安装项目调度系统成功地模拟了各个 Agent 之间的协作过程。用户提出了安装需求，系统按照预定的逻辑分配任务，并在遇到问题时进行相应的处理。具体分析如下。

① 任务初始分配。用户提出安装需求后，项目经理 Agent 首先接收任务，并根据系统设定，将任务交接给库存管理员 Agent，以检查所需设备的库存情况。这体现了系统对资源可用性的重视，确保在任务分配前就有足够的物资支持。

② 库存检查结果。库存管理员 Agent 通过调用 check_inventory 工具函数，检查了所需设备的库存状态。结果显示智能门锁库存充足，但网络摄像头库存不足。这一结果直接影响了后续的任务分配和执行计划。

③ 智能门锁安装任务。由于库存充足，项目经理将任务分配给电工 Agent。电工 Agent 调用“generate_installation_guide”工具函数，生成了智能门锁的安装指南。然而，由于设备描述为“3 个智能门锁和 2 个网络摄像头”，该函数未能精确匹配，系统返回了“标准安装流程”。这表明在实际应用中，可能需要对工具函数进行优化，以更好地处理复合设备类型。

④ 网络摄像头安装任务。由于库存不足，网络摄像头的安装任务无法立即执行。项目经理在输出中明确指出了这一问题，并提出了后续的解决措施，如联系采购部门补货等。这体现了系统在面对资源不足时的应对策略和项目管理的灵活性。

⑤ 项目状态更新与沟通。项目经理在任务执行过程中，及时输出了项目的状态更新信息，包括当前已完成的工作、遇到的问题以及下一步的计划。这种实时的项目状态反馈有助于用户了解项目进展，增强系统的透明度和可信度。

⑥ 流程终止。在完成所有可能的任务分配和状态更新后，项目经理使用“TERMINATE”指令结束了流程。这符合系统设计的终止条件，确保了任务处理流程的完整性和规范性。

6.3.2 跟我学：Swarm 模式的工作机制与优势

Swarm 模式是一种群体协作模式，群体协作模式是指多个 Agent 通过一定的规则和机制相互协作，共同完成复杂任务的方式。这种模式模拟了自然界中群体智慧的行为，如蚂蚁觅食、鸟群飞行等，通过 Agent 之间的信息共享、任务分配和协同工作，实现单个 Agent 无法完成的目标。

（1）Swarm 模式介绍

Swarm 模式的核心在于 Agent 之间的任务交接和共享上下文。

在智能家居安装项目中，各个 Agent（如项目经理、电工等）通过 HandoffMessage 消息进行任务的传递和控制权的转移，同时使所有 Agent 共享同一个消息上下文，确保信息的同步和协作的连贯性。

在 6.3.1 节的例子中，项目经理作为核心协调者，负责接收用户需求并分配任务给相应的专业 Agent。电工和网络工程师负责具体的安装工作，库存管理员确保设备供应。这些 Agent 各司其职，通过 Swarm 模式实现高效协作，共同完成复杂的安装项目调度任务。

Swarm 模式的协作流程可以概括为以下几个步骤。

① 团队组建与条件设定。首先，需要创建一个包含多个 Agent 的团队，明确每个 Agent 的角色和职责，并设定好任务的终止条件。例如，在智能家居安装项目中，我们组建了包括项目经理、电工、网络工程师和库存管理员 Agent 在内的团队，并设定了基于用户输入、任务完成标志或消息数量限制的终止条件。

② 任务启动与初步评估。当用户提出任务需求后，团队中的 Agent 开始对任务进行初步评估。根据任务的性质和自身的能力，Agent 决定是否接手任务，或者将任务交接给更合适的 Agent。例如，项目经理在收到安装需求后，会首先将任务交接给库存管理员，以检查所需设备的库存情况。

③ 任务执行与交接。在任务执行过程中，当前的 Agent 会根据任务的进展和自身的能力限制，决定是否完成任务或交接给其他 Agent。如果任务需要其他专业技能的支持，当前 Agent 会通过生成 HandoffMessage 消息将任务交接给相应的 Agent。例如，当库存检查完成后，项目经理会根据结果将安装任务分别交接给电工和网络工程师。

④ 循环执行直至终止。新的 Agent 接手任务后，重复上述的评估和执行过程，直至满足预先设定的终止条件。在整个协作过程中，Agent 之间通过共享的上下文环境保持信息的同步和沟通的连贯性。

（2）Swarm 与其他协作模式的区别

RoundRobinGroupChat 模式按照固定的顺序轮询团队中的 Agent，每个 Agent 依次对任务进行处理。而 Swarm 模式中的 Agent 可以根据任务的实际需求自主决定任务的交接，无需按照固定的顺序。这种灵活性使得 Swarm 模式更适合处理复杂的、动态的任务，能够更高效地利用 Agent 的专业能力。

SelectorGroupChat 模式通常依赖于一个中央协调者来根据上下文选择最合适的 Agent 以处理任务。相比之下，Swarm 模式中的 Agent 具有更高的自主性，能够基于任务需求和自身能力自行决定任务的处理方式，无需中央协调者的介入。这种去中心化的决策机制提高了系统的响应速度和适应性。

Swarm 模式不仅适用于智能家居安装项目，还可以广泛应用于物流调度、活动策划、医疗资源配置等多个领域。在不同的场景中，可以根据具体需求调整 Agent 的角色和工具，实现灵活的多 Agent 协作。例如，在物流调度中，可以设置运输 Agent、仓储 Agent、配送 Agent 等，通过 Swarm 模式优化物流流程，提高配送效率。三种模式特性对比与示例见表 6-1。

表6-1　三种模式特性对比与示例

模式名称	任务处理顺序	自主性	协调机制	适用场景	示例
RoundRobinGroupChat	固定顺序轮询	低（需按固定顺序处理）	中央协调者（隐含）	需严格顺序的任务（如标准化流程）	无具体例子（需按顺序协作的任务场景）
SelectorGroupChat	中央协调者选择最合适的Agent	低（依赖中央协调者决策）	中央协调者	需结构化决策的任务（如规则明确的场景）	无具体例子（如需中央调度的场景）
Swarm 模式	自主决定任务交接（无固定顺序）	高（Agent 自主决策）	去中心化（无中央协调者）	复杂动态任务（如物流、医疗、活动策划）	物流调度（运输/仓储/配送 Agent）医疗资源分配等

6.3.3 跟我学：了解群体协作模式以及适用场景

本节将进一步深入探讨 Swarm 模式的理论基础、特点、与其他协作模式的区别，以及它在各种实际场景中的应用技巧和优势。

（1）群体协作模式的核心特点

群体协作模式作为一种高效的多 Agent 协作模式，具有以下显著特点。

① 任务交接的灵活性。在 Swarm 模式中，每个 Agent 都具备将任务交接给其他 Agent 的能力。这种交接是基于任务的具体需求和 Agent 的专业能力来决定的。例如，在智能家居安装项目中，当涉及到电气设备的安装时，任务会被交接给专业的电工 Agent；而当需要网络配置时，则会交接给网络工程师 Agent。

② 共享的上下文环境。所有参与协作的 Agent 共享同一个消息上下文。这意味着每个 Agent 在执行任务时，都能访问到之前的所有交流信息和任务状态。这种共享机制确保了信息的透明度和连贯性，使得 Agent 之间能够更好地协调工作，避免信息孤岛和重复劳动。

③ 局部决策与自主性。每个 Agent 能够根据当前的任务情况和自身的能力，自主决定是否接手任务或者将任务交接给其他 Agent。这种局部决策机制无须依赖中央协调者，提高了系统的灵活性和响应速度。例如，在库存检查发现设备不足时，库存管理员 Agent 会自主决定将情况报告给项目经理，而无需等待中央系统的指令。

（2）群体协作模式的应用场景

群体协作模式的应用场景主要有以下几方面。

① 跨领域复杂任务。对于需要综合运用不同领域知识和技术的任务，Swarm 模式能够有效地协调具有不同专业背景的 Agent。例如，在开发一个大型软件项目时，前端设计、后端开发和数据分析等不同领域的任务可以由相应的 Agent 负责，通过 Swarm 模式实现高效协作，确保项目的顺利进行。

② 大型任务的分包处理。当面对大型复杂任务时，可以将其分解为多个子任务，由不同的 Agent 分别处理。例如，在城市规划项目中，可以将交通规划、建筑布局、绿化设计等子任务分配给相应的 Agent，通过 Swarm 模式实现整体项目的协调和整合。

③ 动态环境中的问题解决。在任务环境变化较大、需要实时调整策略的情况下，Swarm 模式的优势尤为突出。例如，在自然灾害救援中，医疗救援、物资调配和灾后重建等不同阶段的任务需要根据实际情况灵活调整，Swarm 模式能够使 Agent 根据实时信息自主决策和协作，提高救援效率。

④ 去中心化的协作需求。在一些应用场景中，由于组织结构或技术限制，无法设立中央协调者。Swarm 模式能够通过 Agent 的自主决策和协作，实现去中心化的任务调度和管理。例如，在分布式传感器网络中，各个传感器节点可以根据检测到的数据自主决定是否上报和与其他节点协作，无需中央控制。

6.4 模式四：综合 Agent 模式—— 根据用户输入调整响应

在了解了群体协作模式及其在复杂项目任务调度系统中的应用后，接下来探索一种更为灵活的模式——综合 Agent 模式。这种模式强调根据用户输入动态调整 Agent 的响应策略，使得 Agent 能够更好地适应多样化的用户需求和场景。为了更好地理解这一模式的实际应用，将构建一个具有联网搜索功能的户外运动规划助手，通过具体的案例进行讲解让读者可以更好地理解涉及到的技术点，深入了解综合 Agent 模式的运作方式和实际价值。

6.4.1 跟我做：构建具有联网搜索功能的户外运动规划助手

在 AutoGen 中封装了一个高度集成智能化 Agent 框架——Magentic-One，该框架可谓是 AutoGen 中功能最强大，最智能化的框架。它能根据用户的需求，自动联网搜索或自动在本地文件中搜索，还能根据需求自动编写工具代码，并自动调用。

本节将带领读者体验 Magentic-One 框架的强大功能。这里通过构建一个具有联网搜索功能的户外运动规划助手，展示如何利用 Magentic-One 让 Agent 具备根据用户实时输入动态获取信息并进行整合分析的能力。下面是具体的实现步骤。

① 安装软件包。首先，需要安装必要的软件包。在终端中执行以下命令：

```
pip install "autogen-agentchat" "autogen-ext[magentic-one,openai]"
# 如果使用MultimodalWebSurfer(多模态网页浏览)，还需要安装playwright依赖:
playwright install --with-deps chromium
```

② 编写代码。安装完成后，即可开始用 Magentic-One 构建户外运动规划助手。为 Agent 客户端指定 Ollama 接口的 Qwen-32B 模型。并使用 MultimodalWebSurfer 创建一个具有联网搜索的工具。用 MagenticOneGroupChat

创建 Agent 并运行。具体代码如下：

代码文件 code_6.4.1_ 构建户外运动规划助手 .py：（扫码下载）

```
import asyncio
import os
from autogen_ext.models.openai import OpenAIChatCompletionClient
from autogen_agentchat.teams import MagenticOneGroupChat
from autogen_agentchat.ui import Console
from autogen_ext.agents.web_surfer import MultimodalWebSurfer
Ollama_model_client = OpenAIChatCompletionClient(
    model="qwen2.5:32b-instruct-q5_K_M",        #使用Qwen32模型
    base_url=os.getenv("OWN_OLLAMA_URL_165"), #从环境变量里获得本地Ollama
地址
    api_key="Ollama",
    model_capabilities={
        "vision": False,
        "function_calling": True,
        "json_output": True,
    },
)
async def main() -> None:
    # 创建一个MultimodalWebSurfer实例，允许智能体浏览网页以获取实时信息
    surfer = MultimodalWebSurfer(
        "WebSurfer",
        model_client=Ollama_model_client,
    )

    # 创建一个MagenticOneGroupChat团队，其中只包含surferAgent
    team = MagenticOneGroupChat([surfer], model_client=Ollama_model_
client)

    #运行Agent团队。
    await Console(
        team.run_stream(
            task="为我规划一个明天户外运动计划，我在北京。用中文回答"
        )
    )

asyncio.run(main())
```

在上面代码中，输入任务时，特意在提示词中强调“用中文回答”，不然 MagenticOneGroupChat 框架会默认以英文输出。

代码运行后，系统会将任务分解，然后根据分解的任务自动调用 Playwright 去访问内置的 Bing 搜索引擎，发起天气查询、北京户外运动相关的查询等相关信息，最后将它们整合到一起输出结果。具体如下：

```
---------- user ----------
为我规划一个明天户外运动计划，我在北京。用中文回答
---------- MagenticOneOrchestrator ----------
We are working to address the following user request:
为我规划一个明天户外运动计划，我在北京。用中文回答
To answer this request we have assembled the following team:
WebSurfer: A helpful assistant with access to a web browser. Ask
them to perform web searches, open pages, and interact with content (e.g.,
clicking links, scrolling the viewport, filling in form fields, etc.). It
can also summarize the entire page, or answer questions based on the
content of the page. It can also be asked to sleep and wait for pages to
load, in cases where the page seems not yet fully loaded.
Here is an initial fact sheet to consider:
1. GIVEN OR VERIFIED FACTS
    - 请求者在北京。
    - 请求者希望规划一个明天的户外运动计划。

2. FACTS TO LOOK UP
    - 明天北京的天气预报，可从中国气象局官方网站或权威天气应用程序获取。
    - 北京周边适合进行哪些户外活动的信息，可以从旅游和户外活动网站查询。

3. FACTS TO DERIVE
    - 根据北京明天的具体天气情况（如温度、风力等），推断适合的户外运动种类。

4. EDUCATED GUESSES
    - 可以预计由于春季或秋季适宜的气候，徒步、骑行和野餐可能是一些较好的活动选择。
    - 北京作为一座历史文化名城，有许多公园，如颐和园、北海公园等，可能是适合做户外运
动的好地方。

Here is the plan to follow as best as possible:
- 确认明天北京的天气预报：指示WebSurfer打开中国气象局官方网站或权威的天气应用程
序，查看并报告明天北京的具体天气情况，包括温度、降雨概率和风力等信息。
- 根据天气预报选择合适的户外活动：基于收集到的天气信息，推断适合的户外运动种类。如
果天气好（无雨且适宜的温度），可以推荐徒步或骑行等活动；如有雨，则可能需要考虑遮阳避雨的
方案。
- 探索北京周边适合进行户外活动的地方：指示WebSurfer访问旅游和户外活动网站，寻找
并报告在北京及周边地区有哪些流行的、适合上述天气条件下的户外运动地点。特别关注像颐和
园、北海公园这样的知名地点，它们是推荐的选择之一。
- 汇总并提出建议计划：根据收集的信息，列出一些建议的明天户外活动内容（包括活动类
型、具体地点），提供给请求者参考，并询问是否需要进一步调整或详细规划。
---------- MagenticOneOrchestrator ----------
请先打开中国气象局或可靠的天气应用，获取明天北京的具体天气预报（包括温度、降雨概率
和风力）。然后搜索北京及周边地区适合户外活动的地方，尤其是可以进行徒步、骑行等活动的好地
点。
---------- WebSurfer ----------
I typed '中国气象局 北京 明天 天气预报 温度 降雨概率 风力' into the browser
search bar.
```

```
The web browser is open to the page [中国气象局 北京 明天 天气预报 温度
降雨概率 风力 - Search](https://Bing的官方网站/search?q=%E4%B8%AD%E5%9B%BD%E6
%B0%94%E8%B1%A1%E5%B1%80+%E5%8C%97%E4%BA%AC+%E6%98%8E%E5%A4%A9+%E5%A4%A9%E6
%B0%94%E9%A2%84%E6%8A%A5+%E6%B8%A9%E5%BA%A6+%E9%99%8D%E9%9B%A8%E6%A6%82%E7%
8E%87+%E9%A3%8E%E5%8A%9B&FORM=QBLH).
The viewport shows 31% of the webpage, and is positioned at the top
of the page
The following text is visible in the viewport:

Microsoft and our third-party vendors use cookies and similar
technologies to deliver, maintain, and improve our services and ads. If
you agree, we will use this data for ads personalization and associated
analytics.
You can select'Accept'to consent to these uses, 'Reject'to decline
these uses or click on'More options'to review your options. You can
change your selection under'Manage Cookie Preferences'at the bottom of
this page.
Privacy StatementAccept
Reject
……
---------- WebSurfer ----------
根据你提供的搜索结果，以下是对你询问的"北京 明天 户外活动 推荐 一天内 完成"的一
些总结和建议：
### 北京明天推荐的一日户外活动
1. **地点：**
    - 提供了多个在北京市内的户外活动推荐。
2. **亮点：**
    - 其中提到的一个活动是一个新的活动——"WeChat小程序中的徒步活动"，可以参加
在市区内进行的短途徒步旅行，这可能会是一天内能完成的好方式。
3. **活动范围：**
    - 包括城市公园徒步、自然景观探索、历史文化区参观等多样化的户外活动形式。
4. **推荐活动：**
    - 【徒步北京】小程序中发布的一个新徒步路线吸引了你的注意，可能是一个不错的体
验。如果你对徒步感兴趣，可以考虑去香山或者颐和园进行短途徒步旅行。
    - 参观长城的一部分也是不错的选择，比如八达岭或慕田峪，但在一天内要完成往返和
足够游览时间的话需要紧凑行程。
### 综上所述
你可以在北京的众多公园中选择一个作为你的目的地。例如：
- 香山公园：位于北京市海淀区西郊，是一个具有浓郁自然景观与人文内涵相结合的场所。
- 月坛公园或北海公园等城市内公园也可以是很好的选择，它们提供了休息和放松的机会，并
且靠近市内。

在准备活动时，请考虑天气状况并做好相应的防护措施。如果你有具体的偏好，可以更加细化
你的搜索关键词（如"香山短途徒步"），以便找到更适合自己的活动信息。
---------- MagenticOneOrchestrator ----------
基于目前的信息，我为您在北京推荐了两个适合明天户外进行一天内完成的活动：
```

```
1. **香山公园徒步**:
        - 地点在北京市海淀区。
        - 活动内容: 您可以选择在香山公园内进行轻松愉快的徒步。这处位于北京西郊的著名景点有着丰富的自然景观，同时也能体验到登山的乐趣。

2. **颐和园游园活动**:
        - 作为中国保存最完整的皇家园林之一，颐和园是一个不可多得的户外游玩地点。
        - 活动内容: 在颐和园内游览、拍照留念或者沿着昆明湖骑行都是很好的选择。这里拥有美丽的湖泊、精致的花园以及历史悠久的建筑。
    根据您的偏好，如果您喜爱大自然与宁静风景的话推荐去香山公园；而想体验中国传统文化氛围的选择颐和园可能更为适合您。不论如何，请依据天气情况做好准备工作，并选择喜欢的方式度过美好的一天!
```

MagenticOneGroupChat 框架在运行过程中会频繁调用搜索引擎，这虽然在一定程度上延长了任务的完成时间，但能够确保最终得到的答案具有较高的准确性和全面性。

在 Windows 下，在使用 MagenticOneGroupChat 框架调用 WebSurfer 时，程序必须要在控制台下独立运行，直接在 Spyder 编译器中运行会报错，这是因为在 Spyder 编译器中，默认的程序是以子进程方式运行的。而 WebSurfer 内部会使用 Playwright 库来浏览和解析必应搜索引擎的结果。Playwright 是一个微软开发的第三方库，它可以调用浏览器实现一系列自动化操作。Playwright 库需要独立的进程才可以运行，其底层可以兼容 Linux，但目前还不能兼容 Windows。

6.4.2 跟我学：Magentic-One 架构的设计理念与实现方法

Magentic-One 是一个通用的综合 Agent 模式，旨在解决各种领域中开放式的、基于 Web 和文件的任务。它在多 Agent 系统领域迈出了重要一步，在多个 Agent 基准测试中取得了具有竞争力的性能。本节将深入探讨 Magentic-One 的架构设计理念和实现方法，了解其如何通过协调器与其他 Agent 合作来应对变化的环境。

（1）Magentic-One 的核心组件

Magentic-One 的核心在于其精心设计的架构，该架构由以下几个关键组件构成。

① Orchestrator（协调器）。这是 Magentic-One 的核心，负责任务分解、规划、指导其他 Agent 执行子任务、跟踪整体进度，并在需要时采取纠正措施。协调器的工作分为两个循环：外循环更新任务清单（Task Ledger），内循环更新进度清单（Progress Ledger）。

② WebSurfer（网络冲浪者）。这是一个基于 LLM 的 Agent，擅长控制和管理基于 Chromium 的 Web 浏览器的状态。WebSurfer 可以执行导航（例如

访问 URL、执行 Web 搜索）、网页操作（例如单击和键入）以及阅读操作（例如总结或回答问题）。

③ FileSurfer（文件冲浪者）。类似于 WebSurfer，FileSurfer 也是一个基于 LLM 的 Agent，它控制一个基于 Markdown 的文件预览应用程序来读取大多数类型的本地文件。FileSurfer 还可以执行常见的导航任务，例如列出目录内容和导航文件夹结构。

④ Coder（代码编写者）。这是一个基于 LLM 的 Agent，通过系统提示专门用于编写代码、分析从其他 Agent 收集的信息或创建新产物。

⑤ ComputerTerminal（计算机终端）。ComputerTerminal 为团队提供对控制台 Shell 的访问，可以在其中执行 Coder 的程序，并可以安装新的编程库。

这些组件共同为协调器提供了解决各种开放式问题所需的工具和功能，使其能够自主适应动态且不断变化的 Web 和文件系统环境并采取相应行动。

（2）Magentic-One 的工作流程

Magentic-One 的工作流程可以概括为以下几个步骤。

① 任务接收。Magentic-One 接收一个任务，这个任务可以是开放式的，也可以是具体的。

② 计划制定。Orchestrator 接收任务后，会制定一个初步的计划，并将计划分解为多个子任务。

③ 任务分配 。Orchestrator 将子任务分配给其他 Agent，例如 WebSurfer、FileSurfer、Coder 或 ComputerTerminal。

④ 子任务执行。被分配到子任务的 Agent 执行相应的操作，例如 WebSurfer 浏览网页，FileSurfer 读取文件，Coder 编写代码，ComputerTerminal 执行代码。

⑤ 进度更新。Agent 完成子任务后，将结果反馈给 Orchestrator，Orchestrator 更新进度清单。

⑥ 计划调整。Orchestrator 根据进度清单评估任务完成情况，如果任务未完成，则会根据需要调整计划，并重新分配子任务。

⑦ 任务完成。当所有子任务都完成后，Orchestrator 确认任务完成。

（3）理解 Magentic-One 的工作原理

为了更好地理解 Magentic-One 的工作原理，下面将以伪代码的形式展示 Magentic-One 的部分源码。Magentic-One 中 Orchestrator 的核心逻辑伪代码具体如下：

```
class Orchestrator:
    def __init__(self, model_client):
        self.model_client = model_client
```

```
        self.task_ledger = []  # 任务清单
        self.progress_ledger = []  # 进度清单

    def receive_task(self, task):
        # 接收任务,并添加到任务清单中
        self.task_ledger.append(task)
        self.create_plan(task)

    def create_plan(self, task):
        # 使用LLM来生成任务执行的初步计划，分解子任务
        plan = self.model_client.generate_plan(task)
        self.task_ledger.append(plan)

    def assign_subtask(self, subtask, agent):
        # 将指定的子任务分配给指定的agent
        response = agent.execute(subtask) #假设每个agent都有一个execute
方法
        self.update_progress_ledger(subtask, response)

    def update_progress_ledger(self, subtask, response):
       #将子任务的执行和agent的响应添加到进度清单中
        self.progress_ledger.append({"subtask": subtask, "response":
response})
        self.check_progress()

    def check_progress(self):
        #  评估当前进度,是否需要调整计划或重新分配任务
        is_completed = self.model_client.evaluate_progress(self.
progress_ledger, self.task_ledger)
        if not is_completed:
           #如果任务未完成，则选择合适的agent来继续执行计划.
            next_subtask, selected_agent = self.model_client.select_
next_action(
                self.progress_ledger, self.task_ledger
            )
            if next_subtask and selected_agent:
                self.assign_subtask(next_subtask, selected_agent)
            else:
                # 如果当前计划无法继续执行,则更新任务清单,并重新制定计划
                self.update_task_ledger()

    def update_task_ledger(self):
         #根据当前进度，反思并更新任务清单
          new_plan = self.model_client.revise_plan(self.task_
ledger,self.progress_ledger)
          self.task_ledger.append(new_plan)
          self.create_plan(new_plan) # 使用新计划
```

Magentic-one 的设计理念强调了通过不同 Agent 进行协作，共同完成复杂任务的重要性。上述伪代码展示了 Orchestrator 的核心工作流程，包括接收

任务、制定计划、分配子任务、更新进度以及在必要时调整计划等。通过以上的伪代码，可以清晰地了解 Magentic-One 的架构设计原理和代码实现方法。实际的代码实现会更复杂，但基本原理是类似的。

（4）Magentic-One 与 AutoGen 的整合

Magentic-One 最初是直接在 AutoGen 的底层库（autogen-core）上实现的。后来又被移植到使用 autogen-agentchat，从而提供了更模块化且更易于使用的接口。有关 autogen-core 的具体使用后文会详细介绍。

MagenticOneGroupChat 是一个 AgentChat 团队，它支持所有标准的 AgentChat Agent 和功能。同样，Magentic-One 的 MultimodalWebSurfer、FileSurfer 和 MagenticOneCoderAgent 现在作为 AgentChat Agent 广泛可用，可在任何 AgentChat 工作流中使用。使用 MagenticOneGroupChat 与 AssistantAgent 结合的示例代码如下：

```
# 创建一个助理Agent实例，命名为"Assistant"
    assistant = AssistantAgent(
        "Assistant",
        model_client=model_client,
    )

    # 使用MagenticOneGroupChat创建一个团队，包含上面创建的助理Agent
    team = MagenticOneGroupChat([assistant], model_client=model_client)
```

上面代码中，直接将助理 Agent 类与 Magentic-One 的组件捆绑在一起，只需最少的配置就可以实现综合 Agent 模式。

Magentic-One 的优势在于其强大的任务分解和规划能力，以及与其他 Agent 的协作能力。这种能力使得 Magentic-One 能够处理复杂的、开放式的任务，并在动态变化的环境中自主适应。

Magentic-One 是一个模型无关的框架，它可以合并异构模型，支持不同的功能或满足完成任务时的不同成本要求。例如，它可以使用不同的 LLM 和小语言模型（SLM）及其专门版本来支持不同的 Agent。对于 Orchestrator Agent，建议使用强大的推理模型，例如 GPT-4o、Claude，模型能力越强，Agent 的效果越好。

6.4.3　了解综合 Agent 模式以及适用场景

在人工智能领域，综合 Agent 模式（Generalist Multi-Agent System）正逐渐成为解决复杂任务的关键方法之一。

综合 Agent 模式的核心在于多 Agent 协作。它包含多种类型的 Agent，如 Orchestrator（指挥官）、WebSurfer（网络冲浪者）、FileSurfer（文件冲浪者）、Coder（编码器）等。这些 Agent 各司其职，共同完成复杂任务。Orchestrator Agent 负责任务分解、规划和进度跟踪，确保整个任务有条不紊地进行。它能够根据任务进展动态调整计划，以应对各种突发情况，确保任务的顺利完成。本部分就来详细介绍综合 Agent 模式以及适用场景。

（1）综合 Agent 模式的通用流程

综合 Agent 模式的通用流程如下。

① 任务初始化。Orchestrator 创建任务账本（Task Ledger），预填充关键信息，包括已知事实、需要查找的事实、需要推导的事实和有根据的猜测等。

② 计划制定与任务分配。根据任务需求和各 Agent 的能力，Orchestrator 制定详细的执行计划，并将具体任务分配给相应的 Agent。例如，需要网络搜索的任务分配给 WebSurfer，文件处理任务分配给 FileSurfer，代码编写任务分配给 Coder。

③ 任务执行与进度跟踪。各 Agent 根据分配的任务进行操作，Orchestrator 实时跟踪任务进度，并根据实际情况调整计划。如果某个 Agent 在执行过程中遇到问题或发现新的信息，Orchestrator 会及时干预，重新规划任务。

④ 结果汇总与验证。当所有 Agent 完成各自的任务后，Orchestrator 汇总结果，进行必要的验证和总结，确保最终输出的答案准确无误。

（2）综合 Agent 模式与其他模式的区别

这里主要介绍 AutoGen 中，综合 Agent 模式 Magentic-One 框架与其他框架的区别。如表 6-2 所示。

表6-2　Magentic-One框架与其他框架的区别

模式名称	Agent 分工与协调机制	任务分配方式	自主性	协调机制	适用场景
Magentic-One	明确的Agent分工，由 Orchestrator 统一协调	Orchestrator 全权分配任务	低（依赖集中式协调）	集中式	需集中控制的复杂任务（如项目管理）
RoundRobinGroupChat	Agent平等轮询，无统一指挥和分工	固定顺序轮询	低（需按固定顺序处理）	隐含的中央协调	需严格顺序的任务（如标准化流程）
SelectorGroupChat	Agent 选择依赖 LLM 判断，缺乏统一分工	LLM 根据上下文选择 Agent	中等（依赖 LLM 判断）	半集中式（LLM 协调）	需结构化决策的任务（如规则场景）
Swarm 模式	Agent自主决策，无统一分工	Agent 自主协商任务交接	高（完全自主决策）	去中心化（无中央协调）	动态复杂任务（如物流、医疗资源）

（3）综合 Agent 模式的适应场景

综合 Agent 模式常常适合那些需要处理多种任务类型的场合，尤其是当这些任务涉及网络搜索、文档分析、代码生成等多种技能的组合时，其能够根据具体问题实现智能化调度和处理。以下是一些具体的应用场景。

① 自动化办公流程优化。在办公环境中，常常需要处理各种重复性任务，如文件整理、数据收集与分析等。通过 Magentic-One 框架，可以设计一个智能系统，其中 FileSurfer 负责读取和整理本地文件，WebSurfer 进行网络数据收集，Coder 编写自动化脚本，Orchestrator 统筹全局，以优化整个办公流程，提高工作效率。

② 教育内容自动生成。在教育领域，生成个性化的学习内容是一个复杂而耗时的过程。利用 Magentic-One，可以构建一个智能教育助手。WebSurfer 搜索相关的教育资源，Coder 将这些资源整合成互动式的学习材料，Orchestrator 确保整个流程的连贯性和准确性，为学生提供定制化的学习体验。

③ 市场调研报告生成。市场调研通常涉及大量的数据收集、分析和报告撰写工作。Magentic-One 可以高效地完成这一系列任务。WebSurfer 收集市场数据，FileSurfer 整理历史数据，Coder 进行数据分析并生成可视化图表，Orchestrator 将这些信息整合成专业的市场调研报告，帮助企业做出明智的决策。

④ 跨领域任务处理。当任务需要不同领域的知识和技能时，Magentic-One 的优势尤为明显。例如，开发一个结合数据分析和自然语言处理的应用，需要数据科学家、语言学家和软件工程师的协作。Magentic-One 的多 Agent 架构可以模拟这种跨领域协作，各 Agent 在 Orchestrator 的协调下，共同完成复杂任务。

⑤ 需要精细控制的任务。在某些任务中，执行过程需要严格的监控和调整，如自动化交易系统。Orchestrator 可以实时监控市场动态，根据预设规则和实时数据调整交易策略，确保交易的安全性和收益性。

⑥ 多步骤数据分析。在数据分析项目中，通常包括数据收集、清洗、分析和报告生成等多个步骤。Magentic-One 的不同 Agent 可以分别负责这些步骤，Orchestrator 确保整个流程的顺利进行，提高数据分析的效率和准确性。

以上介绍了 Magentic-One 框架的特点和工作流程，还深入探讨了它在实际应用中的广泛适应性。这种综合 Agent 模式为解决复杂任务提供了强大的工具，推动了人工智能在各个领域的应用和发展。

6.5 模式五：反思模式

反思是一种工作流设计模式，其中一个 LLM 生成内容后，会紧跟着一个反思过程，而这个反思过程本身也是基于第一个生成内容的另一个 LLM 生成的。例如，给定一个编写代码的任务，第一个 LLM 可以生成一个代码片段，而第二个 LLM 可以对这个代码片段进行评价。

在前面所有内容中，都是围绕 AutoGen 的上层模块 autogen_agentchat 展开的。autogen_agentchat 模块是由 AutoGen 开发团队在底层模块 autogen_core 之上开发出来的。其目的是方便开发者使用。

为了更好地了解 AutoGen 框架机制，有必要对 autogen_core 模块进行适当的深入。本节将以一个反思模式的 Agent 工作流为例，在介绍该模式的同时，为读者介绍 AutoGen 底层库——autogen_core 模块的使用方法。希望通过本节的学习，读者可以融会贯通，并有能力开发自己的上层 Agent。

6.5.1 跟我做：使用底层库创建具有反思功能的代码生成系统

本节将介绍如何使用底层库 autogen_core 构建一个具有反思功能的代码生成系统。该系统有两个 Agent：一个编码 Agent 和一个评审 Agent。编码 Agent 将生成代码片段，评审 Agent 将对代码片段进行评价。具体过程如下。

① 设置 LLM 客户端。例子中选择了 OpenAIChatCompletionClient 作为我们的模型客户端，并指定了使用的模型为 Gemini-2.0-flash。此外，还需确保环境中设置了 API 密钥 GEMINI_API_KEY。编写代码导入必要的库并设置 LLM 客户端。具体代码如下：

代码文件 code_6.5.1_ 使用底层库创建具有反思功能的代码生成系统 .py：（扫码下载）

```
    import os
    from autogen_core import MessageContext, RoutedAgent, TopicId, 
default_subscription, message_handler
    from autogen_core.models import AssistantMessage, ChatCompletionClient, 
LLMMessage, SystemMessage, UserMessage
    from dataclasses import dataclass
    from autogen_ext.models.openai import OpenAIChatCompletionClient
    import uuid
    from typing import AsyncGenerator, List, Sequence, Tuple,Union
```

```
import re
import asyncio

# 设置LLM客户端
model_client = OpenAIChatCompletionClient(
    model="gemini-2.0-flash",
    api_key=os.getenv("GEMINI_API_KEY"),  # 确保在环境中设置了GEMINI_API_KEY
)
```

② 定义消息类。为了便于管理和传递信息，定义了几个数据类来表示不同的消息类型。这些消息包括代码编写任务、代码编写结果、代码评审任务以及代码评审结果。具体代码如下：

代码文件 code_6.5.1_ 使用底层库创建具有反思功能的代码生成系统 .py（续）:（扫码下载）

```
from dataclasses import dataclass

@dataclass
class CodeWritingTask:
    task: str  # 编写代码的任务描述

@dataclass
class CodeWritingResult:
    task: str  # 原始任务描述
    code: str  # 生成的代码
    review: str  # 评审意见

@dataclass
class CodeReviewTask:
    session_id: str  # 会话ID，用于追踪特定任务
    code_writing_task: str  # 编写代码的任务描述
    code_writing_scratchpad: str  # 编写代码时使用的草稿板
    code: str  # 需要评审的代码

@dataclass
class CodeReviewResult:
    review: str  # 评审意见
    session_id: str  # 关联的会话ID
    approved: bool  # 是否批准了代码
```

上述消息集定义了反思设计模式的协议：

- 应用程序向编码 Agent 发送“CodeWritingTask”消息；
- 编码 Agent 生成“CodeReviewTask”消息，发送给评审 Agent；
- 评审 Agent 生成“CodeReviewResult”消息，发送回编码 Agent；

- 根据 "CodeReviewResult" 消息，如果代码通过评审，编码 Agent 向应用程序发送 "CodeWritingResult" 消息，否则编码 Agent 向评审 Agent 发送另一个 "CodeReviewTask" 消息，过程继续。

该消息协议的可视化数据流如图 6-1 所示。

图 6-1 消息协议的可视化数据流

③ 实现编码 Agent。定义编码 Agent CoderAgent 类，该类使用广播 API 来实现 "发布 / 订阅" 模式的消息通信方式。

编码 Agent "CoderAgent" 订阅 "CodeWritingTask" 和 "CodeReviewResult" 消息，并发布 "CodeReviewTask" 和 "CodeWritingResult" 消息。具体代码如下：

代码文件 code_6.5.1_ 使用底层库创建具有反思功能的代码生成系统 .py（续）：（扫码下载）

````
@default_subscription
class CoderAgent(RoutedAgent):
    """执行代码编写任务的Agent。"""

    def __init__(self, model_client: ChatCompletionClient) -> None:
        super().__init__("一个代码编写Agent。")
        self._system_messages: List[LLMMessage] = [
            SystemMessage(
                content="""你是一位熟练的编码人员。你编写代码来解决问题。
与评审人员合作改进你的代码。
始终将所有完成的代码放在一个Markdown代码块中。
例如:
```python
def hello_world():
    print("Hello, World!")
```
使用以下格式回复:
Thoughts: <Your comments>
Code: <Your code>""",
            )
        ]
        self._model_client = model_client
````

```
        self._session_memory: Dict[str, List[CodeWritingTask |
CodeReviewTask | CodeReviewResult]] = {}
```

④ 处理编码 Agent 的代码编写任务。当处理编码 Agent 收到代码编写任务时，“handle_code_writing_task”方法被调用。它首先为该任务生成一个唯一的会话 ID，然后调用语言模型生成代码，并最终发布一个代码评审任务。具体代码如下：

代码文件 code_6.5.1_ 使用底层库创建具有反思功能的代码生成系统 .py（续）:（扫码下载）

```
    @message_handler
    async def handle_code_writing_task(self, message: CodeWritingTask,
ctx: MessageContext) -> None:
        # 为这个请求仅存储消息到临时内存中。
        session_id = str(uuid.uuid4())
        self._session_memory.setdefault(session_id, []).
append(message)
        # 使用聊天完成API生成响应。
        response = await self._model_client.create(
            self._system_messages + [UserMessage(content=message.
task, source=self.metadata["type"])],
            cancellation_token=ctx.cancellation_token,
        )
        assert isinstance(response.content, str)
        # 从响应中提取代码块。
        code_block = self._extract_code_block(response.content)
        if code_block is None:
            raise ValueError("未找到代码块。")
        # 创建代码评审任务。
        code_review_task = CodeReviewTask(
            session_id=session_id,
            code_writing_task=message.task,
            code_writing_scratchpad=response.content,
            code=code_block,
        )
        # 将代码评审任务存储在会话内存中。
        self._session_memory[session_id].append(code_review_task)
        # 发布代码评审任务。
        await self.publish_message(code_review_task, topic_
id=TopicId("default", self.id.key))
```

⑤ 处理编码 Agent 的代码评审结果。一旦代码评审完成，“handle_code_review_result”方法将被触发。如果代码被批准，则发布最终的代码编写结果；否则，基于评审反馈调整代码并再次提交评审。具体代码如下：

代码文件 code_6.5.1_ 使用底层库创建具有反思功能的代码生成系统 .py

（续）:（扫码下载）

```
        @message_handler
        async def handle_code_review_result(self, message:
CodeReviewResult, ctx: MessageContext) -> None:
            # 将评审结果存储在会话内存中。
            self._session_memory[message.session_id].append(message)
            # 从之前的消息中获取请求。
            review_request = next(
                m for m in reversed(self._session_memory[message.session_
id]) if isinstance(m, CodeReviewTask)
            )
            assert review_request is not None
            # 检查代码是否通过评审。
            if message.approved:
                # 发布代码编写结果。
                await self.publish_message(
                    CodeWritingResult(
                        code=review_request.code,
                        task=review_request.code_writing_task,
                        review=message.review,
                    ),
                    topic_id=TopicId("default", self.id.key),
                )
                print("代码编写结果:")
                print("-" * 80)
                print(f"任务:\n{review_request.code_writing_task}")
                print("-" * 80)
                print(f"代码:\n{review_request.code}")
                print("-" * 80)
                print(f"评审:\n{message.review}")
                print("-" * 80)
            else:
                # 创建要发送到模型的LLM消息列表。
                messages: List[LLMMessage] = [*self._system_messages]
                for m in self._session_memory[message.session_id]:
                    if isinstance(m, CodeReviewResult):
                        messages.append(UserMessage(content=m.review,
source="Reviewer"))
                    elif isinstance(m, CodeReviewTask): messages.append
(AssistantMessage(content=m.code_writing_scratchpad, source="Coder"))
                    elif isinstance(m, CodeWritingTask): messages.
append(UserMessage(content=m.task, source="User"))
                    else:
                        raise ValueError(f"意外的消息类型:{m}")
                # 使用聊天完成API生成修订。
```

```
                response = await self._model_client.create(messages,
cancellation_token=ctx.cancellation_token)
                assert isinstance(response.content, str)
                # 从响应中提取代码块。
                code_block = self._extract_code_block(response.content)
                if code_block is None:
                    raise ValueError("未找到代码块。")
                # 创建新的代码评审任务。
                code_review_task = CodeReviewTask(
                    session_id=message.session_id,
                    code_writing_task=review_request.code_writing_task,
                    code_writing_scratchpad=response.content,
                    code=code_block,
                )
                # 将新的代码评审任务存储在会话内存中。
                self._session_memory[message.session_id].append(code_
review_task)
                # 发布新的代码评审任务。
                await self.publish_message(code_review_task, topic_
id=TopicId("default", self.id.key))
        def _extract_code_block(self, markdown_text: str) -> Union[str, None]:
            pattern = r"```(\w+)\n(.*?)\n```"
            # 在markdown文本中搜索模式
            match = re.search(pattern, markdown_text, re.DOTALL)
            # 如果找到匹配项,提取语言和代码块
            if match:
                return match.group(2)
            return None
```

上面代码中，编码 Agent “CoderAgent” 的系统消息中使用了链式思考提示,“CoderAgent” 将不同 “CodeWritingTask” 的消息历史存储在一个字典中，这样可以保证每个任务都有自己的历史记录。

当编码 Agent “CoderAgent” 使用客户端向大型语言模型发送推理请求时，它将消息历史转换为 autogen_core.models.LLMMessage 对象列表，然后传递给模型客户端。

⑥ 实现评审智能体。创建一个名为 “ReflexionAgent” 的 Agent 类作为智能评审，评审 Agent 订阅 “CodeReviewTask” 消息并发布 “CodeReviewResult” 消息。具体代码如下：

代码文件 code_6.5.1_ 使用底层库创建具有反思功能的代码生成系统 .py（续）:（扫码下载）

```
@default_subscription
class ReviewerAgent(RoutedAgent):
```

```
    """执行代码评审任务的Agent。"""

    def __init__(self, model_client: ChatCompletionClient) -> None:
        super().__init__("一个代码评审Agent。")
        self._system_messages: List[LLMMessage] = [
            SystemMessage(
                content="""你是一位代码评审人员。你关注代码的正确性、效率和安
全性。
用如下JSON格式回复:
{
    "correctness": "<你的评论>",
    "efficiency": "<你的评论>",
    "safety": "<你的评论>",
    "approval": "<APPROVE或REVISE>",
    "suggested_changes": "<你的评论>"
}
""",
            )
        ]
        self._session_memory: Dict[str, List[CodeReviewTask |
CodeReviewResult]] = {}
        self._model_client = model_client
    @message_handler
    async def handle_code_review_task(self, message: CodeReviewTask,
ctx: MessageContext) -> None:
        # 为代码评审格式化提示。
        # 如果可用,收集之前的反馈。
        previous_feedback = ""
        if message.session_id in self._session_memory:
            previous_review = next(
                (m for m in reversed(self._session_memory[message.
session_id]) if isinstance(m, CodeReviewResult)),
                None,
            )
            if previous_review is not None:
                previous_feedback = previous_review.review
        # 为这个请求仅存储消息到临时内存中。
        self._session_memory.setdefault(message.session_id, []).
append(message)
        prompt = f
"""问题陈述是: {message.code_writing_task}
代码是:
{message.code}
```

之前的反馈:
{previous_feedback}
```
```

```
    请评审代码。如果提供了之前的反馈，请查看是否已解决。"""
            # 使用聊天完成API生成响应。
            response = await self._model_client.create(
                self._system_messages + [UserMessage(content=prompt,
source=self.metadata["type"])],
                cancellation_token=ctx.cancellation_token,
                json_output=True,
            )
            assert isinstance(response.content, str)
            # TODO：使用结构化生成库（例如guidance）来确保响应符合预期格式。
            # 解析响应JSON。
            review = json.loads(response.content)
            # 构造评审文本。
            review_text = "代码评审：\n" + "\n".join([f"{k}: {v}" for k, v in
review.items()])
            approved = review["approval"].lower().strip() == "approve"
            result = CodeReviewResult(
                review=review_text,
                session_id=message.session_id,
                approved=approved,
            )
            # 将评审结果存储在会话内存中。
            self._session_memory[message.session_id].append(result)
            # 发布评审结果。
            await self.publish_message(result, topic_id=TopicId("default",
self.id.key))
```

上面代码中，评审 Agent“ReviewerAgent”使用了链式思考提示，并且要求 LLM 推理后以 JSON 模式返回，通过结构化数据的交互来保证后续流程可以顺利进行。

⑦ 运行示例。最后，定义日志模块，并通过定义一个异步主函数来启动整个流程，包括注册 Agent、启动运行时环境以及发布初始的代码编写任务。具体代码如下：

代码文件 code_6.5.1_ 使用底层库创建具有反思功能的代码生成系统 .py（续）：（扫码下载）

```
import logging
logging.basicConfig(level=logging.WARNING)
logging.getLogger("autogen_core").setLevel(logging.DEBUG)

from autogen_core import DefaultTopicId, SingleThreadedAgentRuntime
async def main() -> None:
    runtime = SingleThreadedAgentRuntime()
    # 注册Agent
```

```
        await ReviewerAgent.register(
            runtime, "ReflexionAgent", lambda: ReviewerAgent(model_
client=model_client)
        )
        await CoderAgent.register(
            runtime, "CoderAgent", lambda: CoderAgent(model_client=model_
client)
        )
        runtime.start()
        # 发布代码编写任务
        await runtime.publish_message(
            message=CodeWritingTask(task="编写一个函数，用于计算列表中所有偶数
的和。"),
            topic_id=DefaultTopicId()
        )
        await runtime.stop_when_idle()

    asyncio.run(main())
```

代码运行后，输出结果如下：

```
    INFO:autogen_core:Publishing message of type CodeWritingTask to all
subscribers: {'task': '编写一个函数，用于计算列表中所有偶数的和。'}
    INFO:autogen_core.events:{"payload": "{\"task\":
    ......
    INFO:autogen_core:Publishing message of type CodeReviewTask to all
subscribers: {'session_id': 'ec31eef3-777d-426a-ba27-6e14b3bab09d', 'code_
writing_task': '编写一个函数，用于计算列表中所有偶数的和。', 'code_writing_
scratchpad': 'Thoughts: 我需要编写一个函数，该函数接收一个数字列表作为输入，然后循
环遍历该列表，检查每个数字是否为偶数。如果是，则将其添加到总和中。最后，我将返回该总和。
\n\nCode:\n```python\ndef sum_of_even_numbers(numbers):\n    """\n    计算
列表中所有偶数的和。\n\n    参数：\n    numbers (list): 一个整数列表。\n\n    返
回：\n    int: 列表中所有偶数的和。\n    """\n    sum_even = 0\n    for
number in numbers:\n        if number % 2 == 0:\n            sum_
even += number\n    return sum_even\n```', 'code': 'def sum_of_even_
numbers(numbers):\n    """\n    计算列表中所有偶数的和。\n\n    参数：\n
numbers (list): 一个整数列表。\n\n    返回：\n    int: 列表中所有偶数的和。\n
"""\n    sum_even = 0\n    for number in numbers:\n        if number % 2
== 0:\n            sum_even += number\n    return sum_even'}
    INFO:autogen_core.events:{"payload": "{\"session_id\": \"ec31eef3-777d-
426a-ba27-6e14b3bab09d\", \"code_writing_task\":
    ......
    INFO:autogen_core:Publishing message of type CodeReviewResult to all
subscribers: {'review': '代码评审：\ncorrectness: 代码正确地计算了给定列表中所
有偶数的总和。\nefficiency: 代码效率很高，因为它只遍历列表一次。\nsafety: 代码看起来
很安全，没有明显的安全问题。\napproval: APPROVE\nsuggested_changes: 添加对输入
类型验证以确保输入是整数列表，可以避免运行时错误。添加一个示例用法可以提高代码的可理
解性。', 'session_id': 'ec31eef3-777d-426a-ba27-6e14b3bab09d', 'approved':
```

```
True}
    INFO:autogen_core.events:{"payload": "{\"review\":
    ......
    INFO:autogen_core:Publishing message of type CodeWritingResult to all subscribers: {'task': '编写一个函数，用于计算列表中所有偶数的和。', 'code': 'def sum_of_even_numbers(numbers):\n    """\n    计算列表中所有偶数的和。\n\n    参数：\n    numbers (list): 一个整数列表。\n\n    返回：\n    int: 列表中所有偶数的和。\n    """\n    sum_even = 0\n    for number in numbers:\n        if number % 2 == 0:\n            sum_even += number\n    return sum_even', 'review': '代码评审：\ncorrectness: 代码正确地计算了给定列表中所有偶数的总和。\nefficiency: 代码效率很高，因为它只遍历列表一次。\nsafety: 代码看起来很安全，没有明显的安全问题。\napproval: APPROVE\nsuggested_changes: 添加对输入类型验证以确保输入是整数列表，可以避免运行时错误。添加一个示例用法可以提高代码的可理解性。'}
    INFO:autogen_core.events:{"payload": "Message could not be serialized", "sender": "CoderAgent/default", "receiver": "default/default", "kind": "MessageKind.PUBLISH", "delivery_stage": "DeliveryStage.SEND", "type": "Message"}
    INFO:autogen_core:Calling message handler for ReflexionAgent with message type CodeWritingResult published by CoderAgent/default
    INFO:autogen_core.events:{"payload": "Message could not be serialized", "sender": "CoderAgent/default", "receiver": null, "kind": "MessageKind.PUBLISH", "delivery_stage": "DeliveryStage.DELIVER", "type": "Message"}
    INFO:autogen_core:Unhandled message: CodeWritingResult(task='编写一个函数，用于计算列表中所有偶数的和。', code='def sum_of_even_numbers(numbers):\n    """\n    计算列表中所有偶数的和。\n\n    参数：\n    numbers (list): 一个整数列表。\n\n    返回：\n    int: 列表中所有偶数的和。\n    """\n    sum_even = 0\n    for number in numbers:\n        if number % 2 == 0:\n            sum_even += number\n    return sum_even', review='代码评审：\ncorrectness: 代码正确地计算了给定列表中所有偶数的总和。\nefficiency: 代码效率很高，因为它只遍历列表一次。\nsafety: 代码看起来很安全，没有明显的安全问题。\napproval: APPROVE\nsuggested_changes: 添加对输入类型验证以确保输入是整数列表，可以避免运行时错误。添加一个示例用法可以提高代码的可理解性。')
    代码编写结果：
    --------------------------------------------------------------------
    任务：
    编写一个函数，用于计算列表中所有偶数的和。
    --------------------------------------------------------------------
    代码：
    def sum_of_even_numbers(numbers):
        """
        计算列表中所有偶数的和。

        参数：
        numbers (list): 一个整数列表。

        返回：
```

```
    int: 列表中所有偶数的和。
    """
    sum_even = 0
    for number in numbers:
        if number % 2 == 0:
            sum_even += number
    return sum_even
------------------------------------------------------------------
评审:
代码评审:
correctness: 代码正确地计算了给定列表中所有偶数的总和。
efficiency: 代码效率很高，因为它只遍历列表一次。
safety: 代码看起来很安全，没有明显的安全问题。
approval: APPROVE
suggested_changes: 添加对输入类型验证以确保输入是整数列表，可以避免运行时错误。添加一个示例用法可以提高代码的可理解性。
------------------------------------------------------------------
```

从输出结果可以看出，输出结果的第一行中，当系统接收到一个新任务时，它会将该任务作为“CodeWritingTask”类型的消息发布给所有订阅者。

之后，系统开始处理这条消息，编码 Agent 调用 LLM 生成相应的代码。对应输出结果中以“INFO:autogen_core.events”开头的日志。接着该发布评审代码消息给评审 Agent，评审 Agent 处理完后又将评审结果发给编码 Agent，这样经过多轮交互之后，系统最终输出了合适的代码。

在软件开发的过程中，代码的质量至关重要。一个高质量的代码不仅能够实现功能，还能保证系统的稳定性和可维护性。本例通过两个 Agent 互动的方式，在生成代码后不断地对其进行评估和改进，最终为开发者提供更高质量的代码。

6.5.2 跟我学：了解 autogen_core

autogen_core 是 AutoGen 框架的核心组件，它为构建 Agent 和它们之间的通信提供了基础架构。在本节中，我们将深入探讨 autogen_core 的相关基础，包括其核心概念、组件，以及它与 AutoGen 的关系和区别，优势和适用场景，并提供部分核心源码以帮助读者更好地理解和使用 autogen_core。

（1）autogen_core 的核心概念和组件

autogen_core 是 AutoGen 框架的基石，它定义了 Agent 如何创建、如何通信以及如何处理消息的基本规则。在 autogen_core 中，Agent 被视为能够执行特定任务的独立实体，它们通过消息进行交互，共同完成复杂的流程。

Agent 在 autogen_core 中具有自己的身份、行为和状态。它们可以订阅特定类型的消息，并在收到这些消息时执行相应的处理逻辑。这种设计使得 Agent 之间的通信变得灵活且高效，能够适应多种不同的应用场景。

（2）autogen_core 与 AutoGen 的关系和区别

autogen_core 与 AutoGen 是紧密相关的，但它们在功能和定位上有所不同。autogen_core 更侧重于提供构建 Agent 和它们通信机制的基础架构，是整个 AutoGen 框架的核心引擎。而 AutoGen 则是在 autogen_core 的基础上构建的高层接口，为用户提供更便捷、更抽象的 API，使得用户能够更快速地开发和部署 Agent 应用。

可以将 autogen_core 比作一个城市的交通枢纽（见图 6-2），它规划了道路、桥梁和交通规则，确保车辆（Agent）能够在城市中顺畅行驶（通信和交互）。而 AutoGen 则像是基于这个交通枢纽的各种出行服务，如出租车、公交车等，它们利用交通枢纽的基础设施，为人们提供更便捷的出行方式（Agent 应用开发）。

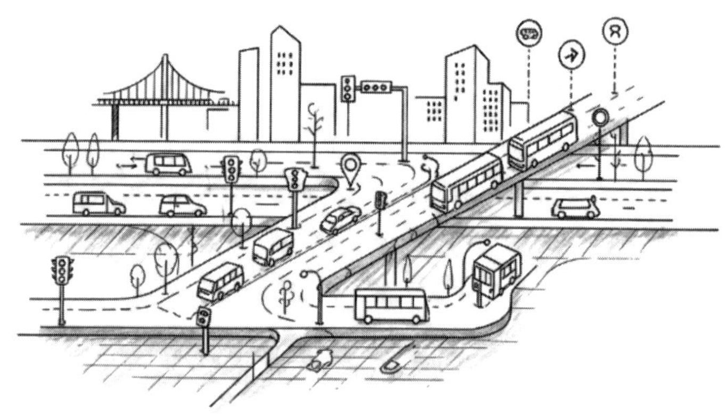

图 6-2 “交通枢纽”autogen-core

（3）autogen_core 的优势和适用场景

autogen_core 的优势在于其灵活性、可扩展性和高效性。它允许开发者根据具体需求自定义 Agent 的行为和通信方式，适用于构建复杂的多 Agent 系统。例如，在需要多个 Agent 协同完成任务的场景中，如智能客服系统、自动化工作流等，autogen_core 能够提供强大的支持。

它的适用场景包括但不限于需要多个 Agent 协作的任务、需要高效消息传递和处理的系统以及需要灵活扩展和定制的 Agent 应用。在这些场景中，autogen_core 能够帮助开发者构建出高效、稳定且易于维护的 Agent 架构。

（4）autogen_core 的核心源码

以下是 autogen_core 中部分核心源码的示例，展示了 Agent 的定义、消息处理以及通信机制：

```
from autogen_core import RoutedAgent, MessageContext, TopicId,
message_handler

class ExampleAgent(RoutedAgent):
    """一个示例Agent，用于演示autogen_core的基本用法。"""

    def __init__(self):
        super().__init__("示例Agent")
        # Agent的初始化逻辑

    @message_handler
    async def handle_message(self, message, ctx: MessageContext):
        """处理接收到的消息。"""
        print(f"收到消息：{message}")
        # 在这里实现消息处理逻辑
        # 例如，根据消息内容执行相应操作，或向其他Agent发送消息

# 创建Agent实例
agent = ExampleAgent()

# 发送消息给Agent
await agent.publish_message("Hello, Agent!", TopicId("default"))
```

这段代码展示了如何定义一个简单的 Agent 类“ExampleAgent”，它继承自 RoutedAgent。通过使用 message_handler 装饰器，Agent 能够处理特定类型的消息。在“handle_message”方法中，可以根据消息的内容执行相应的逻辑，例如打印消息、进行计算或与其他 Agent 通信。

6.5.3 跟我学：了解反思模式以及适用场景

在 AutoGen 和 Agent 的背景下，反思模式可以被实现为一对 Agent，其中，第一个 Agent 生成消息，第二个 Agent 对消息进行响应。这两个 Agent 会持续交互，直到达到停止条件，例如达到最大迭代次数或得到第二个 Agent 的批准。本节就来详细介绍该模式的特点和适用场景。

（1）反思模式的特点

反思模式的核心在于两阶段的处理过程。第一个 Agent（如 coder）根据任务生成初始输出，这可以是一个代码片段、一篇文章或其他形式的成果。然后，第二个 Agent（如 reviewer）对这个初始输出进行深入的分析和评估，从多个角度提出反馈意见。这种分工明确的两阶段处理方式，使得每个 Agent 能够专

注于自己的任务，从而提高整个系统的效率和效果。反思模式的特点如下。

① 迭代优化。通过反复地生成和评估过程，反思模式实现了对任务结果的逐步优化。在每次迭代中，第一个 Agent 根据第二个 Agent 的反馈对输出进行调整和改进，然后再次提交给第二个 Agent 进行评估。随着迭代次数的增加，输出结果的质量不断提升，逐渐趋近于理想状态。这种迭代机制能够有效应对复杂任务中的不确定性，确保最终结果满足高质量标准。

② 质量控制。反思模式特别适用于那些对输出质量有较高要求的任务。例如，在代码生成中，需要确保代码的正确性、高效性和安全性；在内容创作中，需要保证内容的准确性、逻辑性和可读性。通过第二个 Agent 的严格评估和反馈，能够及时发现并纠正问题，从而实现对输出质量的有效控制。

反思模式的优势在于其能够通过持续的反馈和迭代优化，不断提升任务结果的质量。它适用于各种需要精细化处理和高质量输出的场景，如软件开发、内容创作、决策支持和教育培训等。通过这种方式，用户可以获得更可靠、更优质的成果，提高工作效率和满意度。

（2）反思模式的适用场景

反思模式在多种场景下具有显著的应用价值。

① 软件开发与代码优化。在软件开发过程中，代码的质量和性能至关重要。通过反思模式，可以实现自动化的代码审查和优化。例如，第一个 Agent（coder）生成代码片段，第二个 Agent（reviewer）对代码进行评估，检查是否存在潜在的问题，如性能瓶颈、安全性漏洞或不符合编码规范的地方。经过多轮的迭代优化，代码的质量和可维护性能够得到显著提升。

② 内容创作与编辑　在内容创作领域，如撰写文章、报告或文学作品时，反思模式可以帮助创作者不断打磨和完善作品。第一个 Agent 生成初稿，第二个 Agent 对其进行语言风格、逻辑结构、内容准确性等方面的评估，并提出改进建议。第一个 Agent 可以根据这些建议进行修改，逐步提高内容的质量，使其更具吸引力和说服力。

③ 决策支持系统。对于复杂决策问题，反思模式能够提供更全面和可靠的决策依据。第一个 Agent 收集和分析相关数据，生成初步的决策方案。第二个 Agent 对方案进行评估，考虑其可行性和潜在风险，并提出改进措施。通过多次迭代，最终得到的决策方案将更加科学和合理，有助于降低决策风险，提高成功率。

④ 教育与培训。在教育领域，反思模式可以用于学生作品的反馈与改进。学生完成作业或项目后，第一个 Agent 对其进行初步评估，指出优点和不足。第二个 Agent 根据评估结果，为学生提供针对性的改进建议和指导。学生根据

这些建议进行修改和完善，从而提高学习效果和作品质量，促进自身能力的不断提升。

6.6 Agent 实战与总结

通过前面对多种高级模式的深入探讨与实践，已全面掌握了不同场景下构建多 Agent 协作系统的关键技术。从轮询组聊、选择路由到群体协作，再到综合 Agent 及反思模式，每一种模式都为解决特定问题提供了独特的视角和方法。现在，为了将这些理论知识转化为实际应用，并提供更直观、友好的用户交互体验，接下来将进入实战环节，着手构建一个基于 Web 界面的 Agent 应用。

6.6.1 跟我做：实现基于 Web 界面的 Agent

随着人工智能技术的飞速发展，Agent 在各个领域的应用越来越广泛。基于 Web 的 Agent 应用，能够让用户通过浏览器方便地与 Agent 进行交互，获取信息和服务。这种应用具有跨平台、易于访问等优点，极大地拓展了 Agent 的应用场景。

本节将要实现一个实例，展示如何使用 Streamlit 和 AutoGen，构建一个基于 Web 界面的 Agent 应用。具体过程如下。

① 准备 Streamlit 环境。Streamlit 是一个开源的 Python 库，用于快速构建和部署交互式 Web 应用。它具有简单易用、功能强大的特点，能够帮助开发者快速将数据科学和机器学习模型转化为用户友好的 Web 界面。Streamlit 提供了丰富的组件和 API，支持实时数据更新、图表绘制、文件上传等功能，非常适合用于构建 Agent 的前端界面。可以使用如下命令进行安装：

```
pip install streamlit
```

② 创建 Agent。在本例中，创建一个通用的 Agent，它将负责处理用户的任何输入并生成相应的回答。具体代码如下：

代码文件 code_6.6.1_ 实现基于 web 界面的 Agent.py：（扫码下载）

```
from autogen_agentchat.agents import AssistantAgent
from autogen_agentchat.conditions import HandoffTermination,
TextMentionTermination
from autogen_agentchat.messages import HandoffMessage
from autogen_ext.models.openai import OpenAIChatCompletionClient
import os
```

```
    # 设置模型客户端
    model_client = OpenAIChatCompletionClient(
        model="gemini-2.0-flash",
        api_key=os.getenv("GEMINI_API_KEY"),  # 确保在环境中设置了GEMINI_API_
KEY
    )

    # 创建AssistantAgent，名为 "assistant"。
    writer = AssistantAgent("assistant", model_client=model_client,
         handoffs=["user"],
         system_message="""你是个智能助手。
         你负责接收用户的问题，并根据问题进行回答。

         输出对问题分析的思考过程。如果用户的问题不明确，你可以向用户索要更多信息。

         任务完成时，回复'TERMINATE'。

         """,
         )
```

③ 设置终止条件。编写代码定义终止条件，为了使 Agent 知道何时停止对话。具体代码如下：

代码文件 code_6.6.1_ 实现基于 Web 界面的 Agent.py（续）：（扫码下载）

```
    from autogen_agentchat.conditions import HandoffTermination,
TextMentionTermination

    introducestr = """您好！我是智能助手。"""
    termination = HandoffTermination(target="user_proxy") | TextMentionTe
rmination("TERMINATE")
```

④ 定义函数来解析 Agent 消息。编写代码定义函数“parseresult”用于解析 Agent 消息。具体代码如下：

代码文件 code_6.6.1_ 实现基于 Web 界面的 Agent.py（续）：（扫码下载）

```
    # 解析task_result
    def parseresult(task_result, lastagent="assistant"):
        if task_result is None:
            return "系统出现故障，请稍候……\n\nTERMINATE"

        # 获取最后一个TextMessage的内容
        last_message = None
        merged_message = []
        found_last_sequence = False
        # 反向遍历task_result.messages列表
        for msg in reversed(task_result.messages):
```

```
            # 检查消息类型是否为TextMessage且来源是否为Assistant
            if (
                msg.type == "TextMessage" or msg.type ==
"ToolCallRequestEvent" or msg.type == 'ThoughtEvent'
            ) and msg.source == lastagent:

                found_last_sequence = True
                strmsg = msg.content
                if isinstance(strmsg, str):
                    if "</think>" in msg.content:
                        strmsg = strmsg.split("</think>")[-1]
                else:
                    strmsg = eval(strmsg[0].arguments).get("message")
                if strmsg:
                    merged_message.insert( 0, strmsg.strip()  )  # 将消息
内容插入到列表开头以保持顺序
            else:
                # 如果已经找到了最后一段来自Assistant的消息序列并且当前消息不符合
条件，则停止查找
                if found_last_sequence:
                    break
        last_message = "可以再详细说说你的问题吗? \n\nTERMINATE"
        if found_last_sequence and merged_message:
            last_message = " ".join(merged_message)

        last_message = last_message.replace("TERMINATE", "").strip(" \n")
        return last_message
```

“parseresult”函数通过反向遍历 Agent 返回的任务结果中的消息列表，筛选出特定类型且来源为指定 Agent 的消息，提取并合并这些消息的内容，最后返回处理后的消息字符串，若未找到有效消息则返回默认提示。

⑤ 构建 Web 界面。使用 Streamlit 来构建一个简单的 Web 界面，让用户能够与 Agent 进行交互。

在代码中，使用了以下 Streamlit 的功能。

- st.title 设置网页标题。
- st.chat_input 创建一个聊天输入框，获取用户输入。
- st.chat_message 创建一个聊天消息组件，用于显示用户和 Agent 的消息。
- st.markdown 和 st.write 用于在界面上显示文本内容，支持 Markdown 格式。

具体代码如下：

代码文件 code_6.6.1_ 实现基于 Web 界面的 Agent.py（续）:（扫码下载）

```
import streamlit as st

def main():
    # 设置页面标题
    st.title("智能助手系统")

    # 初始化或重置team(假设RoundRobinGroupChat等是预先定义好的类/函数)
    if "team" not in st.session_state:
        # Streamlit允许使用session_state来保持状态，这里检查是否存在'team'键
        st.session_state.event_loop = asyncio.new_event_loop()
        # 创建新的事件循环，并设置为当前线程的事件循环
        asyncio.set_event_loop(st.session_state.event_loop)

        # 假设RoundRobinGroupChat是一个自定义的类，用于管理聊天轮询
        st.session_state.team  = RoundRobinGroupChat([writer], max_
turns=1, termination_condition=termination)
        # 重置标记
        st.session_state.reset = False

    if "messages" not in st.session_state:
        # 如果'messages'不在session_state中，则初始化消息列表，并添加一条初始
消息
        st.session_state.messages = []
        st.session_state.messages.append({"role": "assistant",
"content": introducestr})
        # 记录上一条消息的角色，用于逻辑判断
        st.session_state.last_role = "assistant"

    # 显示聊天历史记录
    for message in st.session_state.messages:
        with st.chat_message(message["role"]):
            st.markdown(message["content"])

    # 获取用户输入
    user_input = st.chat_input("Enter your message:")
    if user_input:
        # 将用户输入保存到消息列表中
        st.session_state.messages.append({"role": "user", "content":
user_input})
        with st.chat_message("user"):
            st.markdown(user_input)

        async def handle_message():
            print(f"该信息移交给：{st.session_state.last_role}")
            # 构造HandoffMessage对象(假设这是一个自定义的消息传递类)
            task = HandoffMessage(
                source="user",
```

```
                target=st.session_state.last_role,
                content=user_input)

            # 执行异步任务并等待结果
            task_result = await Console(st.session_state.team.run_
stream(task=task))

            # 根据任务结果更新last_role
            if task_result.messages[-1].type == "HandoffMessage":
                st.session_state.last_role = task_result.messages[-1].source
            else:
                st.session_state.last_role = "assistant"

            print(task_result)

            # 解析任务结果，获取回复内容
            last_message = parseresult(task_result)

            # 检查是否包含终止命令
            if 'TERMINATE' in task_result.stop_reason:
                print("发现TERMINATE命令！关闭本轮聊天！")
                await st.session_state.team.reset()
                # 删除team实例以重新初始化
                del st.session_state.team

            # 添加机器人回复到消息列表
            st.session_state.messages.append({"role": "assistant",
"content": last_message})

            with st.chat_message("assistant"):
                st.write(last_message)

        # 使用事件循环运行异步函数handle_message
        st.session_state.event_loop.run_until_complete(handle_
message())

  if __name__ == "__main__":
      main()
```

在上面代码的 main 函数中示范了 Streamlit 的主要用法，在 Streamlit 中，常用 st.session_state 来保存不同用户各自的运行状态，它能够在用户与 Agent 的多轮对话中保持状态的连续性。

st.session_state 是 Streamlit 提供的一个全局变量，在本例的代码中，该变量主要用于保存以下状态。

- team　Agent 团队实例。

- event_loop　异步事件循环。
- messages　聊天消息列表。
- last_role　上一条消息的发送者。

代码编写完后，想要启动程序，可以在命令行里输入如下命令：

```
streamlit run code_6.6.1_实现基于web界面的Agent.py  #"code_6.6.1_实现基于web界面的Agent.py"为示例文件名
```

程序运行后，会显示如图 6-3 所示的界面：

```
(py312) D:\自编书籍\第11本autogen代理\ok_code>streamlit run code_6.6.1_实现基于web界面的智能体.py

  You can now view your Streamlit app in your browser.

  Local URL: http://localhost:8501
  Network URL: http://192.168.1.2:8501
```

图 6-3　Streamlit 运行界面

复制图 6-3 上的连接，粘贴到浏览器里，就可以打开基于 Web 界面的 Agent 了。如图 6-4 所示。

图 6-4　打开基于 Web 界面的 Agent

接下来，向该 Agent 提问“推荐一本适合我看的书”，Agent 会根据问题实现与人互动的功能，具体交互页面如图 6-5 所示。

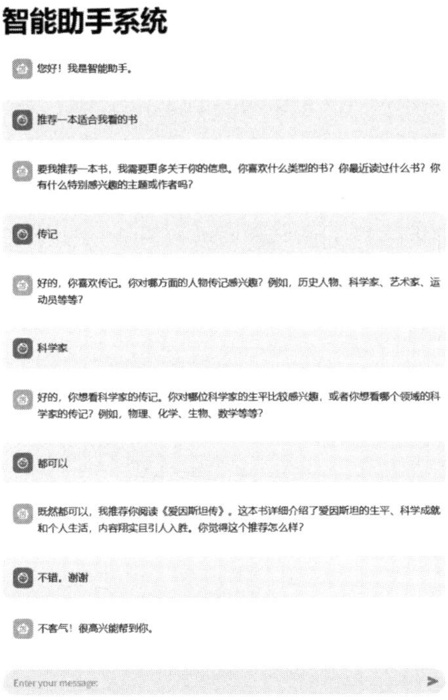

图 6-5　基于 Web 页面的 Agent 的交互页面

6.6.2　跟我学：AutoGen 与其他框架的组合

在实际应用中，AutoGen 可以与其他多种框架组合使用，以发挥各自的优势，实现更复杂、更强大的功能。以下是常见的组合示例。

（1）AutoGen 与 LangGraph 的组合

LangGraph 是一个用于构建语言模型工作流的框架，它允许开发者通过图的形式定义和管理语言模型的调用逻辑。通过将 AutoGen 与 LangGraph 结合，可以创建出具有复杂对话流程和工具调用能力的 Agent。

在组合使用时，LangGraph 负责定义 Agent 的工作流逻辑，包括如何处理用户输入、调用哪些工具以及如何根据工具的返回结果决定下一步操作。AutoGen 则作为 Agent 的运行时环境，负责消息的传递、Agent 的调度以及与其他组件的交互。这种组合可以实现高度定制化的对话系统，适用于需要复杂业务逻辑处理的场景。

（2）AutoGen 与 LlamaIndex 的组合

LlamaIndex 是一个用于构建语言模型应用的框架，它提供了丰富的工具和接口来处理文本数据、进行信息检索和知识管理。将 AutoGen 与 LlamaIndex 结合，可以构建出具有强大知识检索和理解能力的 Agent。

在这种组合中，LlamaIndex 负责处理文本数据，通过其提供的工具和接口，Agent 可以对大量的文本信息进行索引、检索和分析。AutoGen 则作为 Agent 的运行框架，管理 Agent 的生命周期、处理用户消息并与 LlamaIndex 的功能进行集成。这种组合特别适用于需要处理大量文本知识库、回答复杂问题的场景。

（3）其他组合可能性

除了上述两种组合外，AutoGen 还可以与其他多种框架和工具进行集成，如下。

① 与 RAG（检索增强生成）框架组合。通过结合 RAG 框架，Agent 可以在回答问题时利用检索到的相关信息，提高回答的准确性和相关性。

② 与机器学习框架组合。如 TensorFlow、PyTorch 等，利用这些框架训练的模型来增强 Agent 的特定任务处理能力。

③ 与数据处理和分析工具组合。如 pandas、NumPy 等，用于处理和分析数据，为 Agent 提供数据支持。

通过与其他框架的灵活组合，AutoGen 能够适应各种不同的应用场景和需求，发挥出更大的潜力，为开发者构建智能应用提供了丰富的选择和强大的支持。

6.6.3 回顾 Agent

在人工智能的发展历程中，Agent 作为连接模型与应用的关键桥梁，扮演着至关重要的角色。从早期基于规则的 Agent 到现代基于大模型的 Agent，其发展脉络清晰地反映了人工智能技术的演进方向。Agent 不仅是技术进步的产物，更是推动技术应用和创新的重要力量。

Agent 的核心在于其自主性和目的性。它们能够感知环境、处理信息，并基于内部目标采取行动以影响环境。这种能力使得 Agent 在众多领域展现出巨大的应用潜力。例如，基于大模型的 Agent 如 AutoGPT，已经能够对复杂的任务执行规划和决策，展现出接近人类的认知能力。这些 Agent 通过整合大模型的推理能力与外部工具的执行能力，突破了传统人工智能的局限，成为迈向通用人工智能（AGI）的重要一步。

在探索 AGI 的道路上，Agent 的发展呈现出多维度的突破。以 Manus AI 为代表的新型 Agent，通过多模态感知、认知控制和任务规划等核心功能，模拟人类的工作流，执行诸如旅行规划、金融分析等复杂任务。Manus AI 的出现不仅展示了 Agent 在处理多源信息和执行复杂任务方面的能力，还揭示了 Agent 在实际应用场景中的巨大潜力。其采用的多级信息处理机制和记忆与学习能力，使其能够根据用户偏好优化任务执行，生成直观的可视化结果。

Agent 的进一步发展离不开对人类认知过程的深入模拟。具备反思与自省能力的 Agent，能够从过去的错误中学习，优化决策过程，从而不断提升任务执行的效率和质量。这种能力不仅增强了 Agent 的自主性，还为其在复杂环境中的适应性提供了保障。此外，Agent 在多模态交互方面的突破，使其能够处理文本、图像、音频等多种类型的数据，极大地拓展了其应用范围。

在 Agent 技术的演进中，AutoGen 框架展现出独特的优势和发展潜力。作为一个功能强大的 Agent 开发框架，AutoGen 不仅提供了丰富的工具和模块，支持多模态输入、异步编程、工具扩展等高级特性，还具备高效的消息处理机制和灵活的 Agent 定制能力。这些特点使得开发者能够根据具体需求快速构建和部署 Agent 应用，无论是简易的客服助手还是复杂的多 Agent 协作系统，AutoGen 都能提供相应的解决方案。

展望未来，随着技术的不断进步，Agent 将具备更强大的自主学习能力、更高效的多模态信息处理能力以及更自然的人机交互能力。这些进步将推动 Agent 从专用领域向通用领域迈进，最终实现能够像人类一样处理各种复杂任务的通用人工智能系统。而 AutoGen 框架，凭借其在 Agent 开发中的技术优势和灵活性，有望在这一进程中扮演关键角色，为 AGI 的实现提供坚实的技术支持和开发平台。

总之，Agent 作为人工智能领域的关键研究方向，其发展不仅推动了技术的进步，也为解决实际问题提供了强大的工具。通过对 Agent 技术的不断探索和创新，我们正逐步接近 AGI 的实现，为人工智能的未来开辟更加广阔的可能性。而 AutoGen 框架，作为这一领域的有力推动者，将继续助力开发者在 Agent 应用的广阔天地中探索前行。

致谢

在编写这本书的过程中，我们的心路历程充满了挑战与感动，每一步都承载着无数人的支持与付出。回首过往，感慨万千，想要衷心地向每一位在背后默默支持我们的人道一声感谢。

特别感谢派网公司对我们的高度认可，这不仅给予了我们展示技术实力的珍贵机会，更让本书的诞生成为了可能。在项目开发的过程中，主程专家喻焱先生以其卓越的专业 AI 技术，为公司奠定了卓越的口碑，他的专业精神和辛勤付出，为整个团队树立了榜样，也为我们提供了坚实的技术后盾。

在图书编写组中，每一位成员都功不可没。李金洪老师作为主编，统筹全局，精心雕琢书稿的每一个细节；李波老师在新技术调研和代码调试方面不辞辛劳，确保了技术的前沿性和实用性；佟凤老师以其扎实的文字功底，完成了近 8 万字的主体文字编写工作，为本书注入了丰富的灵魂；卢纪富老师则在大纲逻辑的构建和关键文字的梳理上倾注心血，使本书结构严谨、脉络清晰。大家齐心协力，攻克了一个又一个难关，才使得本书得以问世。

最后，我们要将最诚挚的感谢献给代码医生工作室的忠实读者们。七年来，是你们的支持与陪伴，给了我们将技术转化为图书的动力。在前行的道路上，有你们的支持，我们不再孤单。希望本书能够不负众望，为 AutoGen 技术的学习和应用提供有价值的参考，也希望未来能继续与大家携手共进，共同探索人工智能技术的无限可能。

代码医生工作室　全体成员